마음성장 놀이북

한 뼘 더 가까워진 우리,
서로를 더 깊이 믿고 지지하는
뭉클한 시간의 기록

마음성장 놀이북

"너와 함께한 시간들을
소중하게 간직할게."

최희아 글, 그림

쌤앤파커스

Part1. '잘' 노는 아이가 '잘' 큰다

Part2. 일주일에 20분, 최고의 놀이 파트너

Part3. 우리 아이와 직접 놀아봤더니…

워크북

준비놀이

신체놀이

상상놀이

워크북

협동놀이

마무리놀이

DIRECTION BOOK
디렉션북

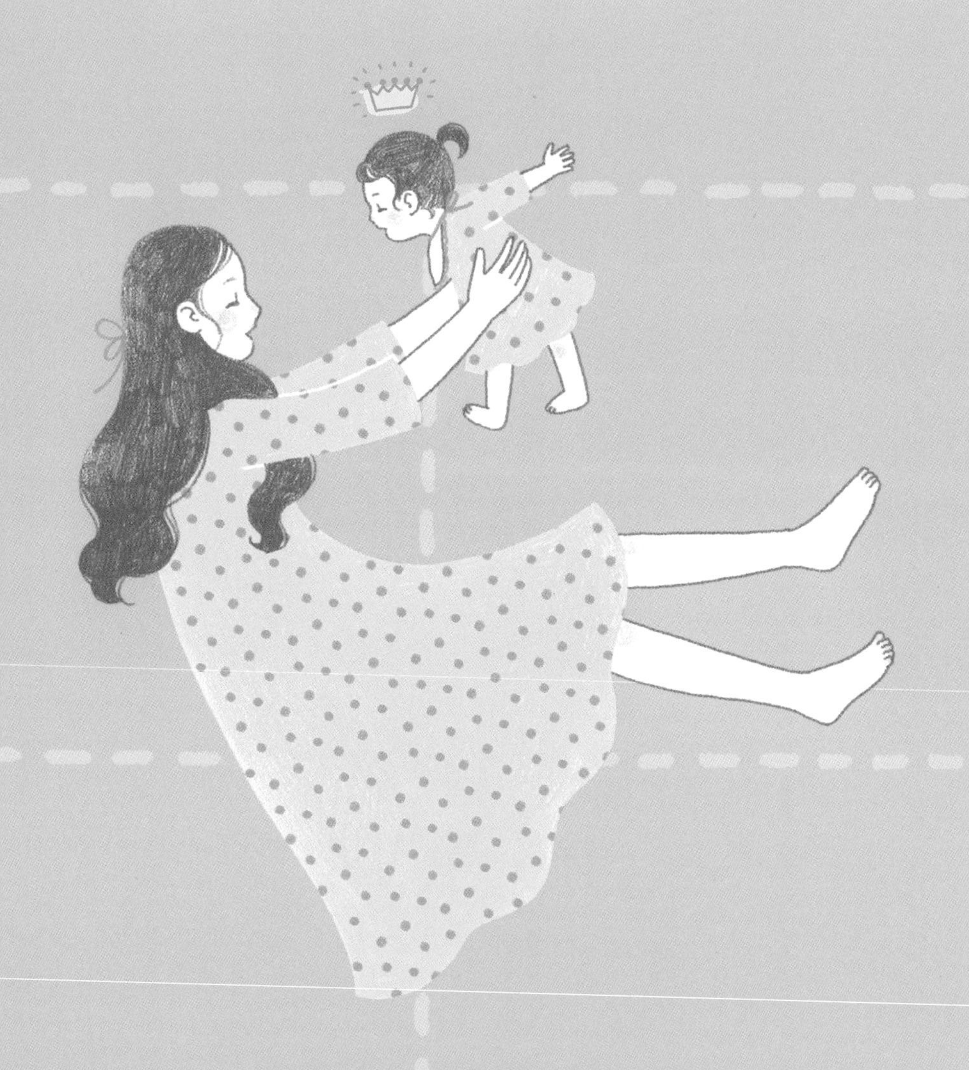

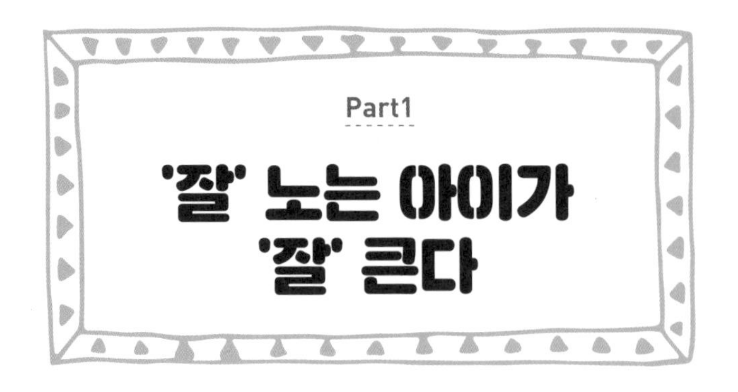

"당신은 잘 놀고 있나요?"

"당신은 잘 놀고 있나요?" 놀이의 가치를 찾아 떠나는 우리의 여정을 시작하기 전에 엄마도 아빠도 아닌 그저 나 자신에게 먼저 질문을 던져봅시다. 저 또한 이 질문에 답하기가 어렵습니다. 잘 놀지 못하는 아이가 자라 잘 놀지 못하는 어른이 되었고, 아이와 잘 놀아주지 못하는 엄마가 되었습니다. 어쩌면 놀이에 대한 결핍과 갈증이 저를 아동심리치료사의 길로 이끌어주었는지도 모르겠습니다.

엄마이자 심리치료사로 살아온 지 올해로 17년째입니다. 17년 전이나 지금이나 여전히 저는 좋은 엄마, 좋은 치료사가 되는 특별한 방법을 알지 못합니다. 17년 동안 심리치료사로 수백 명의 사람들을 만나 상담을 하고 프로그램을 진행했지만 마음을 치유할 수 있는 특별한 기술이 무엇인지는 여전히 고민스럽습니다.

한 아이의 엄마로서도 크게 다르지 않습니다. 최고의 엄마가 되는 방법이 무엇인지 저는 잘 알지 못합니다. 애초에 부모 됨에 있어서 완벽히 "이거다!"라고 말할 수 있는 명확한 방법은 없었는지도 모릅니다. 그저 서로를 매일 새롭게 알아가고, 다름을 좁혀가려는 노력 속에서 서로에게 소중한 존재가 되어가는 과정만으로 부모 됨의 행복을 느낍니다. 엄마로서 저는 그저 아이가 성장하는 과정 속 좌절과 기쁨의 순간에 함께 있어주는 든든한 목격자일 뿐입니다.

저는 심리치료사로서 아이들과 아동상담을 하고, 엄마로서 한 아이를 키우면서 사람을 성장시키는 특별한 기술을 찾는 데는 실패했지만 '놀이성'과 '과정중심'이라는 키워드 안에서 만들어진 관계의 힘에 대한 믿음과 확신만은 점점 더 견고해지는 것을 느낍니다.

대학원 시절 저의 두 번째 임상수련과정에서 만난 아이들은 저에게 '놀이의 힘'과 '과정의 소중함'을 알려주었습니다. 대학원 첫 해의 임상수련과정을 뉴욕 할렘의 성인 정신병원에서 마치고 난 후 전 몸도 마음도 몹시 지쳐 있었습니다. 그리고 두 번째 해에 저는 뉴저지 주 헤켄색 대학 메디컬 센터Hackensack University Medical Center의 소아암 병동 심리사회지지 팀의 인턴으로 두 번째 임상수련을 시작하게 되었습니다. 헤켄색 대학 메디컬 센터의 소아암 심리사회지지 팀은 예술치료사, 놀이치료사, 메디컬 코치, 가족치료사 등으로 구성되어 혈액병과 소아암 환아들의 심리적 문제와 사회재활을 담당하고 있었습니다. 이곳의 심리사회지지 팀은 미국뿐만 아니라 전 세계 각국의 소아병원에 이상적인 모델로 자리 잡고 있었는데 이곳에서 임상실습을 할 수 있는 기회를 얻었던 것은 지금 생각해도 정말 큰 행운이었습니다. 소아암 완치만을 향해 전력질주하는 것이 아니라 투병생활 속에서 아이들의 삶의 질을 높이기 위해 노력하는 선진의료세팅을 배울 수 있었고, 생사를 넘나드는 상황에서도 멈추지 않고 성장하는 강인한 아이들의 잠재력도 확인할 수 있었습니다.

소아암병동 인턴이었던 저의 하루는 의사, 간호사, 사회복지사 그리고 예술심리치료사들이 참석하는 아침 스태프 회의로 시작됐습니다. 저는 입원한 아이들의 의료정보와 심리상태에 대한 정보를 수집하고 제가 만나게 될 아이들을 파악한 후에 다양한 종류의 악기, 미술도구, 풍선, 비치볼, 손가락 인형, 보드게임 같은 놀이도구들을 들고 병실을 찾아갔습니다. 소아암 병동의 특성상 감염의 위험이 있기 때문에 주로 일대일 개인 세션으로 프로그램이 진행됐습니다. 놀이가 시작되면 의료장비로 가득 찬 병실은 아이와 저만의 작은 놀이터가 됩니다. 풍선을 힘껏 쳐서 천장 위로 날리고, 음악에 맞춰 춤을 만들어 보기도 합니다. 다트게임이나 보드게임을 하면서 승부욕을 불태우고 때론 미술놀이를 통해 멋진 작품을 만들어 병실을 갤러리처럼 꾸며 보기도 합니다. 아이와 놀이를 하는 순간에는 이곳이 병원이라는 것도, 고통스러운 항암치료의 부작용도, 죽음에 대한 공포도 사라집니다. 놀이를 통해 아이는 본래 자신의 모습을 되찾고, 자발적으로 즐거움을 만들고 느끼며 잃었던 자아의 힘을 되찾습니다.

소아암 환아들을 위한 심리치료사의 역할과 목표를 '그럼에도 불구하고'라는 말로 정의해봅니다. 아이들은 치료과정에서 신체적으로 고통스럽고, 고립된 외로움을 받아들여야 하며, 죽음에 대한 생각으로 불안과 두려움을 느끼지만 '그럼에도 불구하고' 하루하루 자신의 일상을 살아갑니다. 그렇기 때문에 저는 아이들이 스스로 삶의 질을 높이고 고통스러운 현실에서 해결책을 찾아낼 수 있도록 놀이를 통한 만남을 시도하고 있습니다. 궁극적으로 소아암 병동에서 저의 상담목표는 아이들의 병이 완치되는 '결과'에 있지 않습니다. 암과 싸우는 아이들의 일상을 그들이 스스로 가꾸도록 돕는 '과정'에 있습니다.

물론, 소아암 병동에서 심리치료사로 보낸 시간이 쉽지만은 않았습니다. 내일은 보드게임을 하자고 조르던 아이가 다음 날 갑작스럽게 하늘나라도 떠나버리는 일도 있었습니다. 아이가 고통스러운 검사들과 치료를 견디는 동안 해줄 수 있는 것이 없어 그저 아이의 손을 꽉 잡고 있던 순간도 있었습니다. 무기력한 현실에 분노하며 심리치료사라는 직업에 회의감을 느끼기도 했습니다. 그럼에도 불구하고 제가 이렇게 소아암 환아들과의 임상경험을 털어놓는 이유는 '결과중심주의'에 익숙한 우리에게 '과정'의 소중함을 전하고 싶었기 때문입니다. 부모로서 양육에 필요한 기술을 익히기보다는 아이에게 '함께하는 존재'가 되어주는 것이 중요하다고 말하고 싶기 때문입니다. 저는 심리치료대학원 강의에서 교육자로서 학생들에게 누군가의 지금에 머물 수 있는 능력, 내담자의 성장과정에 공감하는 목격자가 되는 치료적 관계의 능력을 강조합니다. 유능한 심리치료사의 능력이 내담자가 삶의 문제에 직면했을 때 정확한 문제해결책을 제시하는 것에 있다고 생각하지 않기 때문입니다. 좋은 부모가 되는 법도 이와 다르지 않습니다. 문제를 해결해주는 부모보다는 아이가 문제를 해결할 때까지 믿어주고 기다려주는 부모가 되어야 합니다. 아이들은 자발적인 놀이를 통해 스스로 성장합니다.

아이의 성장과정을 믿고 기다려주는 부모의 태도는 아이가 성장통을 겪으며 문제행동을 보일 때 무너져버리기 쉽습니다. 당장 아이의 문제행동을 해결하고 싶은 마음이 생기기 때문입니다. 아이의 문제를 확인한 부모님들은 저에게 묻습니다. "이제 제가 어떻게 해야 할까요?" 당연히 그 정답을 찾기 위해 전략을 세워야 하는 것이 저의 직업입니다. 그래서 저는 아이를 둘러싸고 있는 가족, 학교, 친구 등 주변 환경을 분석하고 심리검사를 시행하여 아이의 문제를 객관화하려고 최선을 다합니다. 아이의 문제를 객관화하는 과정은 아이의 내면을 좀 더 논리적으로 이해하는 데 있어서 매우 중요합니다. 그러나 그게 전부는 아닙니다. 아이의 문제를 객관화하는 검사와 인터뷰는 여행에 비유하면 여행을 잘 마칠 수 있도록 인도하는 지도나 가이드북과 같습니다. 진짜 여행은 아이 스스로 '왜'라는 질문에 대한 답을 찾고 '어떻게'를 연습하는 과정에 있습니다. 진짜 답은 아이가 찾아갑니다.

이 책은 단순히 재미있는 놀이들을 소개하는 것에만 목적을 두지 않습니다. 부모님과 아이가 함께 활동 시트를 채워가며 세상에 둘도 없는 '책'을 만들어가는 것이 목적입니다. 놀이를 하는 동안 아이는 놀이의 주인이 되어 자발성을 경험하고 스스로 성장합니다. 그리고 부모님은 아이의 성장 과정을 지켜보고 든든하게 지지해주는 방법을 배웁니다. 또한 워크북의 놀이들은 완성되는 결과물의 의미를 넘어 부모님과 아이 모두에게 진정한 놀이의 경험이 되어야만 합니다. 진정한 놀이경험을 하기 위해서는 3가지의 중요한 사실을 마음속에 새기고 놀이를 시작해야 합니다.

첫 번째는 놀이의 소유권이 아이에게 있다는 것입니다. 놀이가 아이의 성장을 돕기 위해서는 아이가 자신의 놀이를 주도해야 합니다. 부모님의 간섭이나 목적이 개입하는 순간 아이의 놀이는 본래의 가치를 잃어버립니다. 아이에게 놀이를 가르치지 마세요. 놀이는 학습이 아닙니다. 놀이가 학습의 효과를 높일 수는 있지만 학습이 놀이가 될 수는 없습니다.

두 번째는 '함께 있어주기'입니다. 이런 태도는 놀이의 결과물보다 놀이의 과정에 관심을 가질 때 배울 수 있습니다. 놀이를 할 때 아이의 표정, 감정, 표현 등에 집중하고 그 과정을 격려하는 것입니다. "이렇게 해야지.", "아니야, 틀렸어.", "빨리해야지, 서둘러." 등 아이의 놀이를 방해하는 행동은 자제해주세요. 아이에게 평가나 판단에 의한 답을 제시하려고 하지마세요. 부모님이 먼저 나서서 해결책을 제시하려고도 하지 마세요. 아이에게 기회를 주고 지켜봐주며 그 노력에 격려를 아끼지 않는 것, 그것이 '함께 있기'입니다. "와, 이만큼 해낸 것도 대단해.", "마음에 들지 않아서 기분이 안 좋아? 하지만 엄마는 너랑 실컷 웃어서 너무 좋았어."라고 과정을 격려해주세요. 판단이나 평가 없이 무조건 함께 있어 주는 대상이 있다는 건 참 든든한 일입니다.

마지막으로 아이에게 최고의 교육은 스스로 자신의 시간에 맞추어 성장하는 법을 가르쳐주는 것입니다. 부모님 또한 아이의 시간에 맞추어가려는 노력을 해야 합니다. 일방적으로 부모님의 필요와 원칙을 고수하기 위해 아이의 시간을 무시하는 것은 참된 교육이 아닙니다. 먼저 아이가 부모님의 원칙을 긍정적으로 받아들일 수 있도록 서로 신뢰를 만들어 가야합니다. 충분한 친밀감과 신뢰를 형성한 관계 안에서 아이는 자발성과 자신감을 키워갑니다. 아이는 이제 더 넓은 세상으로 나아갈 준비를 합니다. 부모님의 사랑과 관심으로 자발성을 키운 아이는 세상의 배움을 긍정적으로 받아들입니다. 부모님의 가르침이 더 이상 지나친 통제나 혹독한 평가가 아니라는 걸 믿게 됩니다. 아이가 부모님을 세상에 둘도 없는 친구, 든든한 지지자라고 믿게 되는 순간이야 말로 아이에게 세상을 살아갈 지혜와 사회적 기술을 가르치기에 가장 적절한 시기입니다.

놀지 못하는 아이는 멈춘다

놀이는 아이들의 삶 그 자체입니다. 아이들은 놀이를 통해 세상을 배우고 자신의 마음을 이야기합니다. 만약 아이들의 일상에 놀이가 없다면 어떤 일이 벌어질

까요? 아마 아이들은 더 이상 성장하지 못할 겁니다. 놀이는 아이들의 성장에 액셀 같은 존재입니다. 제대로 놀지 못하는 아이들은 균형 잡힌 성장을 하지 못하고 몸과 마음에 병이 듭니다.

우리는 어려서부터 "놀지 말고 공부해라." 하는 엄마의 잔소리나 선생님들의 훈계를 듣고 자랐습니다. 그러다보니 의식적으로 '놀이'의 반대말이 '공부'나 '일'이라고 생각합니다. 입시합격이든 취업이든 삶의 목표를 이루기 전까지는 놀이를 일단 멈추어야 한다고 생각합니다. 그러나 우리의 일상에 성취해야 하는 목표만 있을 뿐 놀이가 없다면 그 삶은 영혼 없는 껍데기일 뿐입니다. 인공지능의 시대에 기계와 인간의 차이는 '능력'이 아니라 '놀이'에 있습니다. 어쩌면 인간에게 놀이란 본능이자 권리일지도 모릅니다.

책 《플레이 즐거움의 발견》의 저자 스튜어트 브라운Stuart Brown은 '놀이'의 반대말이 '우울'이라고 이야기합니다. 우리는 우울감에 빠지면 모든 것을 귀찮고 재미없게 느낍니다. 그래서 기분전환 할 거리를 찾고 즐거움으로 다시 마음을 충전하려고 합니다. 산책이나 맛집 탐방, 친구들과의 수다, 운동 등 즐거움을 찾기 위해 노력합니다. 그러나 이러한 노력조차 할 수 없는 상태를 우리는 '우울증'이라고 진단합니다. 모든 것이 재미없고 무기력한 기분이 6개월 이상 지속되며 우울감에서 빠져나올 수 없는 상태를 말합니다. 우울증은 세상 안에서 자기 존재의 가치를 잃어버리는 아주 무서운 마음의 병입니다.

아이들에게 놀이성의 결여는 '우울' 이상의 더 큰 문제를 가져옵니다. 아동기는 인간이 가장 빠르게 성장하는 시기이며 세상을 배우는 첫 출발 지점이라 할 수 있습니다. 잘 놀지 못하는 아이들은 균형 잡힌 성장을 할 수 없습니다. 놀지 못하는 아이들은 몸과 마음의 균형을 잃으며 거짓성장을 하게 됩니다. 그렇다면 균형 잡힌 성장이란 무엇일까요? 균형 잡힌 성장이란 개인의 성장 시기에 맞춰 신체, 정서, 인지, 사회성이 골고루 발달하는 것입니다. 어느 한 부분만 과도하게 발달하는 것 또한 '병리' 또는 '문제행동'으로 구분합니다.

OECD 국가별 아동들의 '삶의 질' 통계는 우리나라 아이들의 균형 잃은 성장을 적나라하게 보여줍니다. OECD국가 중 우리나라 아이들의 수학, 과학 학업성취도는 최상위권임에도 불구하고 아이들의 내적 학습동기와 학업 효능감, 행복감은 최하위 수준이었습니다. 정말 충격적인 결과입니다. 겉모습만 웃자란 아이들, 무언가를 수행하고 성취하는 능력에 비해 자아의 힘은 점점 약해져만 가고 있습니다.

4세 때 영재 테스트를 받을 정도로 총명하고 착했던 K는 불균형한 발달로 인해 우울감과 또래 관계의 어려움을 호소하는 초등학교 1학년 남자 아이입니다. 항공사 승무원이었던 K의 어머니는 결혼 후 일과 육아를 병행할 수 없어 결국 전업주부를 선택했고 첫 아이였던 K를 키우는 일에 전념했습니다. K의 어머니는 타인의 시선을 중요하게 생각하는 원칙주의자였고 아이를 똑똑하고 예의 바르게 키우기 위해 엄격한 양육태도를 고수하고 있었습니다. 이런 엄마를 잘 따라주었던 착한 아들 K가 최근 돌발행동을 하기 시작했는데 부모님에게 걸핏하면 화를 냈고 반항적인 태도를 보이기 시작했습니다. 더구나 입학을 하고 얼마 안 가 학교에서 친구들과 자주 다투며 폭력적인 행동을 보였고, 혼을 내며 왜 그랬냐고 물으면 친구들이 옳지 않은 행동을 해서 화를 낸 것뿐이라며 울음을 터트렸습니다. 친구들과 잘 어울려 놀다가도 누군가 반칙을 하거나 나쁜 말을 하면 참지 못했고, 그 친구를 밀거나 때리는 폭력적인 행동도 보였습니다. K에게는 놀이의 즐거움이나 친구들의 행동에 공감하는 마음보다 규칙과 원칙이 중요했던 것입니다. 그러다 보니 놀이를 하면서도 엄한 부모처럼 친구들을 벌주고 비난하는 행동을 보였습니다. 그런 행동 때문에 친구들은 K와 놀기를 꺼려했고 이런 상황은 문제가 되기 시작했습니다. 최근 어머니는 K가 어울렸던 친구들의 부모님들로부터 항의 전화를 받고 담임선생님으로부터 상담을 권유받았습니다. 주위 사람들의 시선에 예민한 K의 어머니는 당혹스러움을 감출 수 없었고 갑자기 변해버린 아들의 행동을 이해할 수 없었습니다.

K는 상담실에 들어오자마자 놀이도구가 진열되어 있는 장식장을 무심하게 쳐다보며 의자에 앉은 후 무표정으로 저에게 "안녕하세요."라고 인사했습니다. 초등학교 1학년 남자아이라는 것이 믿어지지 않을 정도로 예의바른 태도와 어른스러운 말투였습니다. K는 덤덤하게 학교에서 친구들과 사이가 안 좋아 우울하다며 자신의 상태를 이야기했는데 마치 어른과 대화하는 기분이 들 정도였습니다. 마음대로 장난감을 선택하고 놀 수 있다는 설명에도 불구하고 K는 고개만 끄덕일 뿐 놀이를 시작하지 못하고, 바짝 긴장한 것처럼 보였습니다.

놀고 싶지 않으면 방 안의 장난감만 먼저 살펴봐도 된다고 했지만 K는 계속 망설이며 선반에 놓인 장난감들만 쳐다볼 뿐 아무것도 시도하지 않았습니다. K에게 자유로운 놀이는 불안 그 자체였던 것입니다. 어머니가 강요한 원칙과 틀 안에서 K는 바르고 똑똑한 아이였지만 스스로 노는 법을 모르는 어른아이였던 것입니다. 친구들과 자유롭게 놀며 스스로 만들어가야 하는 공감능력과 유연한 사고력이 K에게는 없었던 것입니다. 어쩌면 K에게는 규칙 없는 친구들과의 자유로운 놀이가 수학문제나 영어단어보다도 어렵게 느껴졌을 것입니다. 친구들의 자유로움과 예측불가능한 행동들을 어떻게 다루어야 할지 몰랐던 K는 그저 친구들에게 자신의 엄마처럼 화를 내고 그들을 통제하려는 시도만 했을 뿐입니다. K의 분노와 반항은 잃어버린 자율성을 향한 욕구의 표현이라고 볼 수 있습니다. 지금 K는 놀이를 통해 자신의 자율성을 충분히 경험할 필요가 있습니다.

아이들의 놀이 회복력을 키워주기 위해서 심리치료사에게 가장 필요한 능력은 무엇일까요? 아이들이 다시 놀이를 할 수 있을 때까지 기다리는 인내심입니다. 심리치료사들에게 어떠한 기법이나 이론을 배우는 것보다 더 중요한 것은 아이들의 놀이를 수용하고 이해하는 능력입니다. 사실 아동심리치료는 아이가 잃어버린 놀이성을 회복시켜주는 역할을 합니다. 아이의 문제 행동을 수정하거나 착하고 바른 아이로 만들기 위한 것이 아니라 아이가 잘 놀 수 있도록 기다리고 지지해주는 것입니다. 놀이성을 회복한 아이들은 스스로 치유하는 회복력을 갖게 되고 다시 성장을 위해 나아갑니다.

아동중심놀이치료를 발전시킨 대가 개리 랜드레스Garry L. Landreth는 '놀이'가 아동기의 아주 중요한 활동이라고 주장했습니다. 어른들은 아이들에게 강제로 놀이를 가르칠 필요도, 일부러 놀이를 하게 할 필요도 없습니다. 어른들이 놀이를 방해하지만 않으면 됩니다. 아이들의 놀이성은 상상 이상의 가치를 지니고 있습니다. 자, 이제부터 놀이가 가진 놀라운 효과들에 대해 이야기해볼까요?

성장발달에 가장 효과 좋은 촉진제

놀이는 아이의 성장통을 완화시키는 진통제와 같습니다. 다시 말해 아이들의 성장발달을 돕는 도구라고 할 수 있습니다. 아이들의 이야기에 귀를 기울이다 보면 놀라운 2가지 사실을 발견하게 됩니다. 첫 번째는 아이들이 우리가 생각하는 것보다 더 자신의 성장을 위해 고군분투하고 있다는 사실입니다. 생각보다 아이들의 내면세계는 복잡하고 혼란스럽습니다. 자신들이 처해진 환경에 적응하고 성장하기 위해 다수의 혼란을 경험합니다. 성장기 아이들은 매순간 새로운 문제에 직면하면서 때론 우울해하고 좌절하며 갈등하고 불안해합니다. 단지 그런 자신의 감정을 말로 잘 표현하지 못할 뿐입니다. 부모님에게 "걸음마 배우는 게 너무 어려워요. 더 이상은 못할 것 같아요."라고 말할 수 있는 아이가 없는 것처럼 말이죠. 부모님이 아이의 성장통을 모르고 있을 뿐 아이들은 힘겹게 성장하고 있습니다.

두 번째는 아이들이 이렇게 힘겨운 성장과정을 스스로 헤쳐나가고 있다는 것입니다. 저는 매순간 아이들 안에 잠재된 회복력에 놀라움을 금치 못합니다. 그 힘의 비밀이 바로 아이들의 '놀이성' 안에 있습니다. 아이는 자신의 성장통을 '놀이'라는 유희적 활동으로 극복합니다.

좋은 예로 '걸음마'가 있습니다. 걸음마 시기에 아이는 두 발로 걷기 위해 반복되는 실패에도 포기하지 않고 한 걸음 한 걸음 내딛습니다. 아이는 넘어져 엉덩방아를 찧어도, 탁자에 이마를 부딪쳐서 울음을 터트리다가도 다시 뒤뚱뒤뚱 걷기를 시도합니다. 다시 일어나 웃고 장난치듯 연습을 반복하며 혼자서 두 발로 걷는 방법을 체득하게 됩니다. 이렇게 걸음마를 배우는 아이는 전혀 고통스러워 보이지 않습니다. 오히려 즐거워 보이는 아이의 모습에 부모님도 박수를 치며 기다려주고 두 팔 벌려 맞이해줍니다. 마치 아이 자신이 된 듯 아이의 걸음마 놀이에 동참하는 모습입니다.

아이의 걸음마 과정이 놀이처럼 느껴지는 이유는 무엇일까요? 걸음마는 아이의 발달시기에 맞춰 자발적으로 일어납니다. 마치 놀이와 같죠. 어쩌면 아이는 두 발로 걷는 힘겨운 성장을 성공하기 위해 본능적으로 놀이를 이용해 부모님을 자연스럽게 발달의 지원군으로 끌어들이는 건지도 모릅니다. 걸음마처럼 아이로부터 자발적으로 이루어지는 놀이가 회복력을 가진 놀이의 예입니다.

위에서 한번 언급했던 것처럼 아이들은 놀이를 통해 신체적, 정서적, 인지적, 사회적으로 균형 잡힌 성장을 하게 됩니다. 먼저, 놀이는 자연스럽게 아이의 신체발달을 촉진시켜줍니다. 0~2세까지의 영아기, 유아기 아이들은 자신의 몸과 움직임을 통해 세상을 배우기 시작합니다. 아이가 태어난 첫 순간을 기억해보세요. 아이와의 첫 만남은 스킨십, 우렁찬 울음소리, 천사 같은 미소 등의 신체와 움직임이라는 비언어적인 소통에 의해 이루어집니다. 엄마는 아이가 보내는 비언어적 신호를 마술처럼 알아듣고 아이가 필요로 하는 것들을 바로 제공해줍니다. 이런 비언어적 소통은 엄마와 아이의 첫 놀이로, 엄마와 아이는 건강한 애착을 형성하게 됩니다. 또한 이 시기의 아이들은 오감을 통해 세상을 탐색하고 쉴 새 없이 움직이며 자기 몸을 인식합니다. 즉 영아기, 유아기 아이는 몸 놀이를 통해 안정된 관계를 형성하고 운동능력을 발달시키는 것입니다.

아이들의 정서적인 발달을 위해서도 놀이는 최상의 도구입니다. 놀이는 내면을 표현하는 아이들의 언어이기 때문입니다. 많은 전문가들이 '놀이는 아이들의 내면을 들여다볼 수 있는 창'이라는 표현을 씁니다. 아이들은 놀이를 통해 자신의 경험, 생각, 감정, 욕구를 표현하기 때문입니다. 또 다른 효과는 아이들이 자신의 내적혼란을 해결하기 위해 스스로 놀이의 주제를 정하고 문제를 해결하는 것에 있습니다. 아이들은 현실에서 허락되지 않은 자신의 공격성, 분노, 좌절, 슬픔, 실패를 놀이로 승화합니다. 놀이 안에서 안전하게 분노하고 좌절하고 실패하면서 자신이 처한 갈등을 직면하고 이해하게 되며 문제를 해결합니다. 이런 문제해결 경험은 아이들에게 자율성과 유능감을 심어주고 자존감을 키워줍니다.

또한 놀이는 아이들의 인지발달에도 도움이 됩니다. 아이들은 놀이를 하며 세상을 배웁니다. 발달심리학자 피아제Jean Piaget는 아이들이 놀이를 통해 세상을 살아가는 데 필요한 지식을 습득한다고 주장했습니다. 아이는 블록이나 물건을 만지고, 던지고, 다시 쌓는 놀이를 하면서 자연스럽게 높낮이, 무게의 개념을 이해하고 입체적인 공간 개념도 터득하게 됩니다. 누가 가르쳐주지 않아도 아이들은 놀이를 통해 스스로 지식을 습득하고 성장하는 것입니다.

마지막으로 놀이는 아이의 사회성 발달에도 도움을 줍니다. 특히 생후 초기 부모님과의 상호작용 놀이는 후에 사회성의 기초가 됩니다. 친구들과의 자연스러운 역할놀이를 통해 다른 사람의 감정을 이해하고 자연스럽게 타인과 상호작용하는 방법을 배울 수 있습니다. 아이들은 놀면서 일어나는 크고 작은 싸움에서 서로 양보하고, 기다리고, 규칙을 만들어야한다는 것을 알게 됩니다. 그 과정에서 아이들이 서로 다투고 화해하는 일은 굉장히 자연스러운 일이며 이는 후에 아이들의 사회성에 긍정적인 영향을 미칩니다.

이렇게 놀이는 아이들의 성장발달에 촉진제 역할을 합니다. 어른들의 방해 없이 잘만 논다면 아이는 스스로 건강하게 성장합니다. 자유롭고 자발적인 놀이는 아이들의 균형 잡힌 성장을 위해 필수적입니다.

자발적이고 목적 없는 아이들의 '진짜 놀이'

본격적인 놀이를 시작하기 전에 생각해봐야 할 것이 있습니다. '우리 아이는 진짜 놀이를 하고 있는 걸까?' 진짜 놀이란 아이 스스로 자유롭게 노는 것을 말합니다. 아이가 스스로의 필요와 흥에 의해 몸을 움직이고 즐거움을 표현하고, 상상의 세계를 펼치는 것, 아이가 놀이의 주인이 되는 것이 진짜 놀이입니다.

반면에, 가짜 놀이를 할 때 아이는 타인의 통제와 의도에 따릅니다. 부모님이 놀이를 통해 아이에게 뭔가를 가르치려고 하거나 놀이에 지나친 통제와 제한을 한다면 그것은 가짜 놀이에 지나지 않습니다. 예를 들어, 공룡 장난감을 가지고 노는 아이에게 "이 공룡은 이름이 뭐지?", "뭘 먹고 살지?" 등 부모님의 필요에 의한 질문을 한다면 아이의 진짜 놀이는 그 순간 가짜 놀이가 됩니다. 아이를 자유롭게 두면 아이의 공룡이 고양이가 될 수도, 코끼리가 될 수도 있는데 말이죠. 또한 지나친 제한이나 통제로 아이들의 놀이를 정형화하는 것도 문제입니다. "선 밖으로 벗어나지 않게 색을 칠해야지.", "인형을 때리면 안 돼, 그건 폭력이야." 하며 엄마의 편견이나 잣대로 아이의 놀이를 방해한다면 아이는 성장을 위한 진짜 놀이를 할 수 없습니다.

아이가 주인이 되는 놀이, 학습보다는 즐거움이 목적이 되는 놀이가 진짜 놀이입니다. 자, 이제 가짜 놀이와 진짜 놀이가 구분되시나요? 다시 한번 생각해보세요. 우리 아이는 진짜 놀이를 하고 있나요?

부모님의 사랑으로 안정된 애착을 형성한 아이는 3세쯤 되면 부모님의 품에서 벗어나 독립된 존재로서 서서히 세상 밖으로 나갈 준비를 합니다. 부모님 또한 세상 밖으로 아이를 보낼 준비를 해야 합니다. 세상을 향해 첫 발을 내딛는 아이를 자율적이고 독립적으로 성장시키는 조력자가 되어야합니다. 독립적인 존재로 성장하기 위한 발달과업을 이루는 만 3~6세의 시기에는 부모님과 아이의 놀이가 어느 때보다도 중요합니다. 놀이 과정에서 부모님은 자연스럽게 친구이자 조력자가 되어야 합니다. 아이와의 놀이는 단지 즐거운 활동이 아니라 세상을 가르치는 가장 강력한 학습현장이기도 합니다. 부모님과 놀이를 하며 아이는 최초이자 최고의 친구를 만나고 세상이 믿을 만하며 멋진 것들로 가득 차 있다는 생각을 갖게 됩니다. 첫 친구와 함께 세상에 대한 믿음을 키우죠. 그렇게 아이는 용기 내어 세상을 탐색하고 배워나갑니다.

그러나 아이와 놀아주는 것이 말처럼 쉽지는 않습니다. "잘만 놀아주면 아이들은 혼자서도 잘 자란다."라는 말을 한 번쯤은 들어보셨을 겁니다. 이미 여러 매체를 통해 아이와 부모가 함께하는 놀이의 중요성이 언급되고 있습니다. 이렇게 놀이의 중요성이 강조되면 될수록 부모님의 고민도 늘어날 것입니다. 여러 노력에도 불구하고 아이와 만족스럽게 잘 놀아주는 건 여전히 어렵기만 합니다.

제가 부모교육 강의 때마다 가장 많이 듣는 질문은 "아이와 어떻게 놀아주어야 하나요?"입니다. 참으로 쉽고도 어려운 질문입니다. 답은 아이와 함께하는 부모님의 태도에 있기 때문입니다. 무엇을 하고 놀아주느냐가 아니라 어떻게 놀아주느냐가 가장 중요합니다. 같은 놀이도 이 태도에 따라 질이 달라집니다.

많은 부모님이 아이들과 잘 놀아주지 못하는 가장 큰 원인으로 꼽는 2가지는 첫째, 어떻게 놀아줘야 하는지 몰라서, 둘째, 시간이 없어서입니다. 그러나 사실 아이와의 놀이에 필요한 것은 대단한 놀이 노하우도, 긴 놀이 시간도 아닙니다. 짧은 시간이라도 온전히 아이와의 놀이에 빠져든다면 그것으로 충분하죠.

보다 정확한 원인은 부모님의 '놀이성 상실'입니다. 어른이 되면서 놀이성을 잃어버린 것이죠. 놀이성을 간직하고 있는, 아이와 잘 노는 부모님은 노력과 시간의 구애를 받지 않고도 최고의 친구가 될 수 있습니다. 아이와의 놀이가 재미없고 즐겁지 않은 이유는 놀이가 '노동'이 되어 버렸기 때문입니다. 부모님이 노동이라고 여기는 놀이를 아이가 즐거워할 리는 없습니다. 아이에게는 즐겁지 않은 부모님의 마음을 금세 알아차리는 신비한 능력이 있습니다. 때문에 부모님이 긴 시간을 놀아주더라도 아이는 진짜 놀이를 할 수가 없습니다. 아이에게도 부모님에게도 즐겁지 않은 놀이라면 10시간을 함께한다고 해도 놀이의 효과를 확인할 수는 없을 것입니다. 아이와 잘 놀기 위해서는 먼저 부모님의 놀이성 회복이 필요합니다.

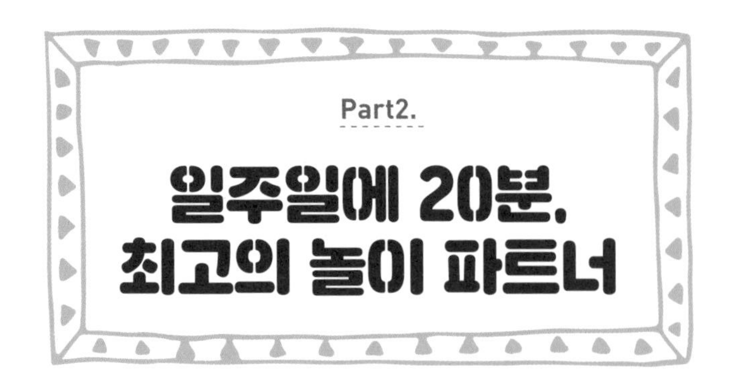

Part2.

일주일에 20분, 최고의 놀이 파트너

아이들이 '진짜' 놀이를 하기 위해서 부모님은 몇 가지 노력을 해야 합니다. 평소 부모님은 아이에게 생활규칙을 알려주고 행동을 지시하는 등 어느 정도 아이를 통제해야 합니다. 그러나 이렇게 아이의 훈육에만 신경을 쓰다 보면 부모님은 많은 시간을 아이와의 힘겨루기에 사용하게 됩니다. 이렇게 고집부리는 아이와 전쟁을 벌이다 보면 육아가 고단하고 힘들기만 합니다.

아이의 행동들을 친구처럼 있는 그대로 받아들이기는 참 어렵습니다. 사실 늘 친구 같기만 한 부모가 좋은 부모라고 할 수도 없습니다. 그러나 아이와의 놀이시간 안에서만큼은 부모님이 아이의 가장 친한 친구가 되어주어야 합니다. "어른이라면 이래야 해."라는 편협한 생각에서 벗어나 보세요. 아이와의 놀이를 시작하는 순간, 부모님의 역할에서 자유로워질 수 있어야 합니다.

최고의 친구가 되기 위해서는 구조화하기, 공감하기, 따라가기, 제한 설정하기의 4가지 숙제를 마쳐야 합니다. 4가지 숙제는 아이가 안전하고 수용적인 분위기에서 놀이를 할 수 있도록 도와줍니다. 이에 따라 만들어진 안전한 놀이 환경은 아이가 부모에게 신뢰감을 갖고 자유롭게 자신을 표현하는 놀이를 할 수 있도록 도와줍니다.

첫 번째, 구조화하기

아이와의 20분 놀이를 위해서는 먼저 골격을 잡아줘야 합니다. 이 과정을 '구조화'라고 부릅니다. 구조화는 시간, 장소, 준비물 정하고 준비하기, 규칙 만들기, 놀이 시간 지키기를 통해서 이루어집니다. 아이와의 즐거운 놀이를 위한 구조화는 놀이시간에 아이가 안전함을 느끼고 자율성과 자신감을 키울 수 있게 도와줍니다. 기초공사가 튼튼한 집이 쉽게 무너지지 않는 것처럼 구조화는 안정된 놀이시간을 위해 꼭 필요한 작업입니다.

★ 4가지의 구조화

❶ 시간 정하기

- 놀이시간은 부모님이 반드시 지킬 수 있고, 아이가 가장 신나게 놀 수 있는 시간대로 정하세요.
- 가능하면 20분의 시간을 지켜서 놀이하세요. 놀이가 끝나기 5분 전에 시간이 5분 남았음을 알려주면서 아이가 스스로 마무리를 준비하고 놀이시간을 통제할 수 있도록 해주세요.

❷ 장소 정하기

- 부모님과 아이가 다른 사람의 방해 없이 온전히 놀이에 집중할 수 있는 장소를 찾아주세요. 형제, 자매가 있는 경우 순서를 정해서 놀이를 진행해주세요.
- 아이가 움직이거나 미술작업을 할 때, 다치거나 물건을 망가뜨리는 것에 신경쓰지 않도록 안전한 장소를 정해보세요.

❸ 놀이재료 준비하기

- 아이의 놀이를 더 즐겁게 해줄 수 있는 재료들을 미리 준비하세요.
- 재료를 준비할 때 아이와 함께하세요. 아이가 스스로 준비하면서 놀이에 대한 애착과 책임감을 기를 수 있어요.

❹ 규칙 만들기

- 아이와 부모님의 안전을 위한 최소한의 규칙을 함께 만들어요. 지나치게 많은 규칙은 놀이에 방해가 된다는 것을 잊지 마세요.
- 약속 판을 만들어 놀이 시간 전에 아이와 함께 읽어보세요. 아이의 자기조절 능력을 키우는 데 도움이 됩니다.

두 번째, 공감하기

아이의 마음을 이해하려는 노력을 '공감'이라고 합니다. 아이가 마음에 들지 않는 행동을 했을 때 대부분의 부모님은 그 행동 이면의 마음을 이해하려 하기보다 행동을 통제하기 위해 혼부터 냅니다. 아이가 어떤 문제 때문에 속상해할 때도 부모님은 그 과정을 믿고 격려해주기 보다 곧바로 자신이 문제를 해결해주기 위해 나섭니다. 이런 행동들을 멈춰주세요. 아이의 시각에서 상황을 바라봐주세요.

"엄마한테 소리를 지르는 거 보니 ○○가 화가 많이 났구나.", "컵에 물을 잔뜩 붓는 걸 보니 ○○가 목이 많이 말랐구나." 이렇게 말끝에 이해가 담긴 "~구나."를 붙여보세요. 아이의 감정에 공감을 표현하는 아주 핵심적인 스킬입니다.

공감하는 부모님의 말을 아이들은 "엄마, 아빠는 항상 너와 함께하고 있어."라고 받아들입니다. 부모님이 언제나 자신과 함께 있음을 깨닫게 된 아이는 부모와의 강력한 유대감을 경험합니다.

★ 4가지 공감

❶ "나는 여기 있어."

– 아이가 하고 있는 놀이에 대한 부모님의 흥미를 표현해주세요. 아이는 자신의 놀이에 부모님이 관심과 애정을 가진다는 것을 느끼게 됩니다. 부모님의 무조건적인 관심과 애정은 아이가 자유롭게 놀고 스스로를 표현하는 것에 대해 안전하다고 느끼게끔 해줍니다. 아이의 놀이를 바라보면서 말해주세요. "노란색으로 칠하려는 거구나, 좋은 생각인 것 같아!", "빠르게 움직이네, 엄마(아빠)가 열심히 따라가 볼게!"

❷ "나는 듣고 있어."

– 아이의 행동을 말로 읽어주세요. 아이의 행동을 부모님이 듣고, 보고 있다는 표현입니다. 아이는 부모님이 자신을 항상 지켜보고 있다고 느끼게 됩니다. 또한 부모님이 행동을 읽어줄 때 자신이 무의식적으로 했던 행동이나 느꼈던 감정을 알아차리게 됩니다. '~구나' 잊지 않으셨죠? '~구나'를 붙여서 말해주세요. "노란색으로 칠하고 있구나.", "가위로 동그라미를 자르고 있구나.", "종이를 찢고 있구나."

❸ "나는 너를 이해해."

– 아이의 있는 그대로의 감정을 들어주고 읽어주세요. 아이의 행동보다는 감정에 집중해보세요. 표정, 목소리 톤 같은 비언어적 표현, 몸에서 드러나는 신체언어를 읽어보세요. 아이의 지금 감정을 알 수 있을 거예요. "지금 화가 났구나.", "네가 그린 그림이 자랑스럽구나!"

❹ "나는 너를 사랑해."

– 놀이의 파트너가 되어주세요. 아이는 부모님이 자신과 함께 있다는 것을 알아차리는 순간 기꺼이 자신의 놀이에 부모님을 초대할 거예요. 아이의 놀이에 초대되어 함께하는 순간 정서적으로 교류하며 유대감이 피어납니다. 놀이 안에서 아이가 요구하는 역할에 최선을 다하세요. 부모님은 아이의 놀이를 돕는 조연입니다. 괴물이 될 수도, 도둑이 될 수도, 또 죽었다 살아나기를 10번도 넘게 반복하는 불사조가 될 수도 있습니다.

세 번째, 따라가기

다시 한번 강조하지만 놀이시간의 주인은 아이입니다. 때문에 부모님은 아이의 놀이시간에는 바보가 되어야 합니다. 가르치려고 하거나 개입해서 문제를 해결하려고 하지마세요. 아이가 자신의 놀이를 펼쳐나가는 것을 기꺼이 허용하고 따라줘야 합니다. 아이가 쓴 대본에 따라 열정적으로 연기하는 연기자, 아이의 가르침을 충실하게 따르는 학생, 아이의 놀이를 돕는 비서가 되어야 합니다. 이렇게 부모님이 놀이 안에서 다양한 역할을 수행하며 아이의 놀이를 허용해줄 때 아이의 자율성은 쑥쑥 자라납니다. 온전히 자신의 놀이를 창조해가고 자신의 내면을 안전하게 드러내며, 문제를 스스로 해결하는 성장을 경험합니다.

네 번째, 공감적 제한 설정하기

'제한 설정'은 친구와 부모님의 역할을 이어주는 다리와 같습니다. 좋은 부모가 되기 위해서는 좋은 친구처럼 모든 걸 받아주는 수용적인 역할과 삶의 원칙을 제시하는 권위적인 역할 사이에서 적절한 균형을 잡아야 합니다.

아무리 아이가 주도하는 놀이시간이라 해도 절대 허용해서는 안 되는 행동들이 있습니다. 아이 스스로를 다치게 하거나 부모님을 다치게 하는 행동, 물건을 부수거나 놀이시간에 약속한 규칙을 어기는 등의 행동들입니다. 그런 상황에서 부모님은 제한 설정을 해야 합니다. 이때 친구로서, 부모로서의 역할을 모두 수행하면서 훈육할 수 있는 방법이 '공감적 제한 설정'입니다. 공감적 제한 설정은 아이의 욕구를 수용하면서 원칙을 제시하고, 아이가 부정적 행동 대신에 다른 대안을 찾아보고 선택하게끔 도와주는 것입니다. 공감적 제한 설정에는 아이의 감정을 읽어주는 부모님의 마음과 아이가 선택할 수 있는 긍정적인 대안이 있습니다. 공감과 대안이 있는 제한 설정은 아이의 감정표현을 억압하지 않으면서 건강한 문제해결 방식을 제안합니다.

★ 4단계의 공감적 제한 설정

❶ 단계: 아이의 행동 비난하지 않고 감정에 공감해주기

○ "엄마를 때릴 만큼 ㅇㅇ가 화가 많이 났구나."

× "엄마를 때리는 건 나쁜 행동이야."

❷ 단계: 지켜야 하는 규칙을 이야기해주고 부정적 행동의 결과 설명해주기

○ "ㅇㅇ가 화난 건 알겠는데 그렇다고 엄마를 때리면 엄마는 아프고 슬퍼져. 누구든 다치게 하거나 때리는 건 안 된다는 거, 약속했었지?"

× "ㅇㅇ가 엄마를 때렸으니까 오늘 놀이시간은 끝이야. 네가 장난감 다 정리하도록 해."

❸ 단계: 바른 행동 알려주기

○ "ㅇㅇ가 엄마를 때리는 대신 잠깐 앉아서 화를 가라앉히고 준비가 되면 다시 놀이를 시작할까? 아니면 엄마랑 놀이를 정리하고 오늘은 놀이를 일찍 마칠까? ㅇㅇ가 선택할 수 있어."

× "놀이시간은 끝났어. 빨리 정리해. 엄마를 때리는 아이랑은 놀 수 없어."

❹ 단계: 아이의 행동 다시 확인하고 좋은 선택 유도하기

○ "자, 화가 풀렸니? 놀이를 다시 시작할 준비가 되었어? 아니면 오늘은 놀이를 그만할까? 엄마에게 너의 생각을 이야기해주렴."

× "네가 엄마를 때렸기 때문에 놀이시간은 이제 끝이야."

이렇게 놀이시간에 부모님이 지켜야 할 4가지 과제에 대해 이야기해보았습니다. 이제 4가지 과제들을 실천하면서 연습해보도록 해요. 그리고 4가지 태도가 조금 익숙해지면 일상에서도 적용해보세요. 공감적 태도가 자연스러워지기 위해서는 수백 번의 연습이 필요합니다. 부모님도 아이들과 마찬가지로 시도하고 노력하는 과정에서 스스로를 칭찬해주세요. 준비됐나요?

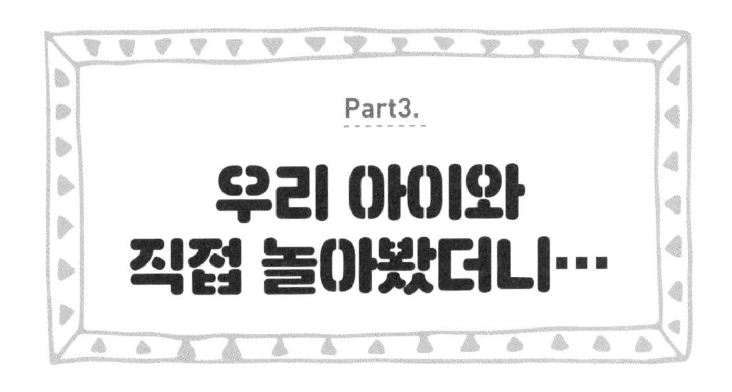

17년 동안 경험한 놀이의 '힘'

17년 동안 아동상담과 놀이 프로그램을 통해서 매번 성장하는 아이들과 부모님을 만나왔습니다. 모든 과정에서 저와 아이들, 부모님은 함께 고통과 혼란스러움을 견디고 때로는 기쁨과 행복을 나누었습니다. 프로그램의 '종결'은 긴 여정을 함께한 모두의 치료적 관계가 마무리되는 과정이자, 아이와 부모님에게 치료사로서의 제가 필요 없어지는 순간입니다. 종결과정에서 교차되는 이별의 아쉬움과 벅찬 기쁨은 온전히 저의 몫이 됩니다. 그리고 제가 치료사로 살아가는 가치와 의미를 선물 받는 소중한 시간이기도 합니다.

아이와의 프로그램에서 종결은 상담을 시작하는 것만큼이나 중요합니다. 종결 여부를 결정하는 아이의 변화에 대해 이야기하려고 합니다. 이것은 놀이의 효과를 확인하는 것이기도 합니다. 아이를 위한 상담의 종결은 아이가 보여주는 '변화'에 따라 결정됩니다.

첫 번째 변화는 아이의 문제행동이 사라지는 것입니다. 아이는 이제 부정적인 행동보다는 긍정적인 행동으로 자신을 표현합니다. 소심하고 위축되어 학교에서 남자친구들과 어울리지 못하던 7살 소년 H는 놀이 안에서 괴물을 물리치고, 칼싸움을 하면서 자신의 공격성을 건강하게 해소하며 스스로의 힘을 발견합니다. 평화주의 부모님의 원칙대로 통제당하고 비난받았던 아이의 공격성은 아이를 겁 많고 예민한 아이로 살아가게 했습니다. 놀이를 통해서 아이는 자신의 공격성을 '성취하는 에너지원'으로 만들었습니다. 부모님 또한 이제는 아이의 놀이를 이해하고 수용하며 공격성이 세상을 살아가는 데 필요한 에너지라는 것을 인정합니다. H는 용기를 내어 세상에 도전장을 내밀어봅니다.

두 번째 변화는 상담실에서만 가능했던 자발적인 놀이가 일상에서도 이루어지는 것입니다. 아이는 더 이상 상담실에 가야할 이유와 흥미를 찾지 못합니다. 아이에게 일상 속 공간들이 자신의 세상을 이해받고 표현할 수 있는 안전한 곳이 되었기 때문입니다. 성장을 마친 아이는 종종 이렇게 이야기합니다. "난 이제 상담실에 올 필요가 없어요." 당당하고 건강한 자기주장이며 아이가 세상 밖으로 나갈 준비가 되었다는 의미입니다.

마지막으로 상담자와 맺었던 긍정적인 관계를 부모자녀 관계, 또래 관계에서도 맺을 수 있게 되는 것입니다. 아이는 더 이상 치료사에게만 정서적으로 의존할 필요가 없습니다. 치료적 관계 안에서 이해받고 공감받으며 신뢰감을 찾은 아이는 비로소 관계 손상을 회복하며 치료실 밖에서 긍정적이고 건강한 관계 맺기를 시도할 수 있습니다. 치료사와 놀이하는 시간보다 친구들과 노는 것이 더 즐거워집니다.

아이에게 변화를 일으킨 놀라운 힘은 '놀이'입니다. 아이는 자신의 놀이성을 회복하고 내면의 힘을 키우며 현실로 나갈 준비를 합니다. 이 과정에 머물며 아이를 이해하고 격려하는 치료사의 존재, 그리고 부모님의 존재가 아이의 성장을 촉진합니다. 아이의 변화는 자발적으로 놀 수 있는 환경이 주어졌을 때, 그리고 그 과정을 무조건적으로 수용하고 함께해주는 존재가 있을 때 기적처럼 일어납니다. 어려운 말처럼 들리지만 사실 참으로 단순하고 당연한 일입니다.

저는 매 프로그램마다 부모님과 놀이 내용을 공유하며 이해시켜드립니다. 무엇을 하고 놀았는지, 어떤 순서로 놀이를 시작하고 끝냈는지, 놀이의 주제는 무엇이었는지 등을 설명하고 일상에서 아이의 행동, 감정과 연결합니다. 부모님 상담은 아이를 만나는 것만큼 중요합니다. 부모님은 치료사처럼 놀이를 통해 아이의 문제행동 이면을 보기 위해 노력해야 합니다. 아이의 문제행동에 대한 부모님의 관점을 바꾸어야 합니다. 문제행동은 '문제'가 아니라 '신호'입니다. 지적하고 비난하기보다는 들어주고 이해해야 하는 아이의 외침입니다.

친구들을 따돌린 일로 상담실에 온 B는 맞벌이를 하는 부모님을 위해 두 동생을 돌보고, 모든 것을 양보해야 했던 어른스러운 8살 소녀였습니다. 부모님은 마냥 착한 B가 친구를 따돌리고 괴롭혔다는 사실을 믿을 수가 없었습니다. 그러나 아기를 돌보고, 요리를 하는 소꿉놀이는 B의 마음을 대변해주었습니다. 무표정으로 아기를 돌보고 기계적으로 음식을 만들어 상을 차리는 B의 모습에서 즐거움은 느껴지지 않았습니다. 책임감만 있을 뿐 공감도, 애정표현도 없었습니다. '왕따시키기 놀이는 B의 채워지지 않은 애정과 돌봄에 대한 욕구의 잘못된 표현이었습니다.

B의 부모님과 저는 아이의 문제행동에 초점을 맞추기보다 욕구에 초점을 맞추는 치료계획을 세웠습니다. 일주일에 1번 부모님과 20분 동안 놀이 시간을 갖는 것이었습니다. 이 시간은 오로지 B와 부모님만의 시간이었습니다. B는 놀이를 통해 부모님의 애정과 공감을 경험하면서 친구를 괴롭힌 것이 옳지 않은 행동이었다는 걸 인정하고 친구들에게 사과하며 문제를 스스로 해결할 수 있었습니다.

부모님 후기: 놀이로 가족을 만나다

저는 8년 전부터 기업이나 공공기관의 지원을 받아 가족 강화를 위한 캠프를 진행하고 있습니다. 1년에 5번 정도 진행되는 캠프 프로그램에서는 매번 150명 정도의 가족들이 모여 1박2일 동안 가족소통을 위한 놀이와 게임을 함께합니다. 프로그램을 통해 가족들은 서로가 일상에서 소홀했던 부분들을 점검하고, 마음을 나누고 소통할 기회를 갖습니다. 저는 올해도 700명 정도의 가족들이 행복한 웃음과 따뜻함을 전하는 순간의 행복한 목격자가 되었습니다. 사실 캠프를 끝내고 나면 체력적으로 거의 탈진 상태가 되지만 언제나 마음만은 벅차오릅니다. 누군가의 진심과 사랑이 전해지는 순간을 함께할 수 있다는 건 참 감사한 일입니다.

매번 프로그램 초반에 저는 대부분의 부모님과 아이들 사이의 묘한 긴장감을 느낍니다. 이제부터 부모님과 재미있는 놀이를 할 거라는 설명 중에 어떤 아이가 손을 들고 "우리 엄마는 잔소리만 하고 저랑 안 놀아줘요!"라고 큰소리로 외친 적도 있습니다. 때론 아이를 귀찮아하며 수동적인 태도를 취하는 부모님이 계시기도 합니다. 어머니들은 그런 남편의 태도에 화를 내기도 하고 다른 가족의 눈치를 보며 아이를 다그치기도 합니다.

그러나 매번 캠프의 마지막 시간에는 변화의 기적이 일어납니다. 가족들은 서로의 장점을 찾아냅니다. 아이들은 저마다 우리 엄마, 우리 아빠의 자랑을 늘어놓습니다. 부모님은 놀이를 하며 평소에는 몰랐던 아이의 속마음과 잠재력을 발견한 것에 대해 굉장히 뿌듯해합니다. 아이들은 부모님으로부터 충분히 사랑받고 지지받는 경험을, 부모님은 온전히 아이들과 함께하면서 자신이 좋은 부모가 될 수 있다는 소중한 확신을 얻게 됩니다.

프로그램 시작 전 놀이 방법에 대해 유난히 많이 질문하며 불안해하던 두 아들의 엄마 미희님(30대)은 놀이 후 아이들과의 놀이에서 자신이 주도권을 포기한 후 일어난 변화에 대해 환한 미소로 이야기했습니다.

"놀이가 결코 어려운 게 아니었네요! 어떻게 놀아줘야 하는지, 무슨 놀이를 해야 하는지 평소 고민이 많다 보니 두 아들과 노는 게 항상 스트레스였어요. 놀다 보면 남자 아이들의 놀이가 너무 과격해 보여서 '그거 하지 마!', '위험해! 조심해!' 같은 잔소리만 하게 되었고 놀이는 결국 꾸지람으로 마무리되곤 했어요. 그런데 이번 캠프 안에서는 그냥 우리 아이들이 주도하는 놀이를 따라 가다 보니 어느새 '잘 놀아주는 엄마'가 돼 있더라고요. 저도, 아이도 다치거나 싸우지 않고 서로 즐거운 시간을 보낼 수 있었어요. 아이들의 놀이를 저의 바람이나 방식으로 통제하려고 했던 것이 실수였어요. 두 아이의 놀이과정을 믿어주고 스스로 조절하며 함께 놀 수 있도록 도와주는 지원자가 되는 것, 그것이 아이들과 잘 놀아줄 수 있는 최고의 방법인 것 같아요."

아빠 민식님(40대)은 4학년이 된 딸과 게임을 하면서 자연스러운 스킨십이 많아졌다고 전했습니다. 가족이 많이 가까워진 것 같다며 부쩍 높아진 친밀감을 자랑했습니다.

"전에는 딸, 아내와 눈을 맞추거나 스킨십 하는 게 쉽지 않았어요. 바쁘게 일하고 지쳐서 들어오면 TV를 보다가 잠들고, 또 출근하는 일상이 반복됐습니다. 이렇다보니 아이와 놀아주는 몇 분도 고민스러웠죠. 그런데 막상 함께 게임하면서 손도 잡아주고, 등도 받쳐주며 서로를 느끼는 경험을 해보니 평소에 그렇게 해주지 못한 딸아이와 아내에게 미안하더라고요. 처음엔 어색해서 서로 긴장했는데 어느새 편해진 순간이 참 행복했어요. 우리 가족이 마치 하나가 된 것처럼 든든하더라고요."

아들이 한 명 있는 정희님(30대)은 고등학교에서 수학을 가르치는 교사입니다. 주말에 시간을 내 남편, 7세 아들과 함께 캠프에 참여하였습니다. 정희님은 캠프에서 아들보다 신난 자신의 모습을 발견하고 누구보다 신기했다고 전했습니다. 정희님의 남편 철민님(30대)과 아들도 정희님의 새로운 모습을 칭찬해주었습니다. 아이와의 놀이를 통해 놀이성을 회복한 엄마의 모습이란 이런 것입니다. 이런 부모님의 모습은 아이에게 신뢰감과 친밀감을 줍니다.

"저도 모르는 사이에 환호성을 지르고, 웃으면서 아이처럼 놀이를 즐기고 있더라고요. 마치 어린 시절의 저로 돌아간 것 같은 기분이 들었어요. 우리 아이에게 진정으로 친구가 되어줄 수 있었던 것 같아요. 아이도 신이 나서 평소보다 더 적극적으로 자기 의견을 이야기하고 저를 이끌어주더라고요. 우리 가족이 게임에서 1등을 했을 때는 서로 손을 잡고 껑충껑충 뛰었어요. 평소 우리 가족의 모습이랑은 정말 달랐죠!"

세 자매를 둔 아빠 경식님과 엄마 미선님(40대)은 게임을 하며 가족끼리 나눴던 소통의 즐거움에 대해 이야기해주었습니다.

"사실 캠프에 안 오겠다는 큰딸을 억지로 데리고 와서 오전 내내 서로 화가 나 있었는데 미션게임을 하면서 서로 기분이 풀렸어요. 큰딸 송이가 두 동생을 리드하며 엄마, 아빠에게 자기 의견을 이야기하는 모습을 보니 너무 기뻤어요. 최근에 사춘기가 왔는지 동생들에게도 냉랭하고 저희와 대화하는 시간도 거의 없었거든요. 우리 가족 5명이 힘을 합해서 역할을 나누고, 전략을 의논하면서 갈등을 함께 풀어가는 경험을 했던 것 같아요. 평소에도 서로 갈등이 생겼을 때 먼저 들어주고, 믿어주고, 지켜봐주는 엄마가 되어야겠어요."

민이의 어머니는 20대 후반으로 부부갈등과 양육스트레스로 우울증 약을 복용하고 있었습니다. 부모님의 별거로 분리불안증상을 보이던 민이는 만 3세의 남자 아이였습니다. 민이는 어린이집에 가기를 거부하고 집에서 놀이를 하다가도 자기 마음대로 안 되면 갑자기 울고, 장난감을 던지거나 엄마를 때리는 등의 폭력적인 행동을 보였습니다. 민이가 정서적 안정감을 찾고 자기조절 능력을 키우기 위해 저희는 맞춤 놀이교육을 진행했습니다. 10번의 놀이교육을 하는 동안 어머니는 아이를 이해하지 못하고 놀이를 통제하려고만 하는 자신을 발견하게 되었습니다.

"아이와 놀면서 무기력했던 저 자신을 발견할 수 있었어요. 민이가 처음 몇 주

동안은 자동차 사고 놀이만 하는 거예요. '아, 또 부수고 망가트리는 놀이를 하는 구나.'라는 생각이 들어 잔소리가 나올 뻔했어요. 그래도 꾹 참고 지켜봤죠. 그런데 한참 차가 부서지고, 인형이 쓰러지는 놀이를 하던 아이가 어느 날 갑자기 의사 놀이를 하는 거예요. 인형들을 치료해주고 저에게 안아주라고 하더라고요. 눈물이 났어요. '아, 우리 민이가 아팠구나.' 하는 생각이 들었어요. 자동차 사고 놀이를 하던 민이가 폭력적인 아이가 아니라 상처받은 아이로 보였죠. 놀이를 통해 민이 마음을 이해할 수 있게 되었습니다."

정민이는 수줍음이 많고 조용한 남자아이입니다. 아빠는 그런 정민이의 모습이 조금은 못마땅했다고 합니다. 남자답지 못하다고 꾸지람을 하기도 했는데 캠프 기간 동안 놀이를 하면서 정민이의 침착함과 적극성을 발견했다고 칭찬해주었습니다.

"우리 정민이가 '종이컵 쌓기 게임'을 할 때 서두르지 않으면서 침착하고 신속하게 컵을 쌓아 우리 가족이 1등을 했어요. 우리 아이에게 이런 승부욕과 적극성이 있는 줄 몰랐어요. 너무 자랑스럽습니다."

부모와 자녀의 관계에서 놀이는 서로를 이해하고 알아가는 최고의 언어입니다. 놀이를 하면서 부모님과 아이가 서로의 새로운 모습을 발견하기도 합니다. 한 아이가 신나서 이렇게 이야기한 적이 있습니다. "우리 엄마는 매일 귀찮다는 말만 하시는데 아까 '종이 찢기'할 때 손을 진짜 빨리 움직이셔서 깜짝 놀랐어요. 우리 엄마한테 이런 면이 있다니 정말 신기해요!"

'함께하는 놀이'는 사실 아이뿐 아니라 부모님 자신에게도 성장의 동력이 됩니다. 워크북의 다양한 놀이들을 통해 기술보다는 태도를, 머리보다는 마음을, 결과 보다는 과정을 소중히 여기는 관점의 변화를 경험하시길 바라봅니다.

WORK BOOK

워크북

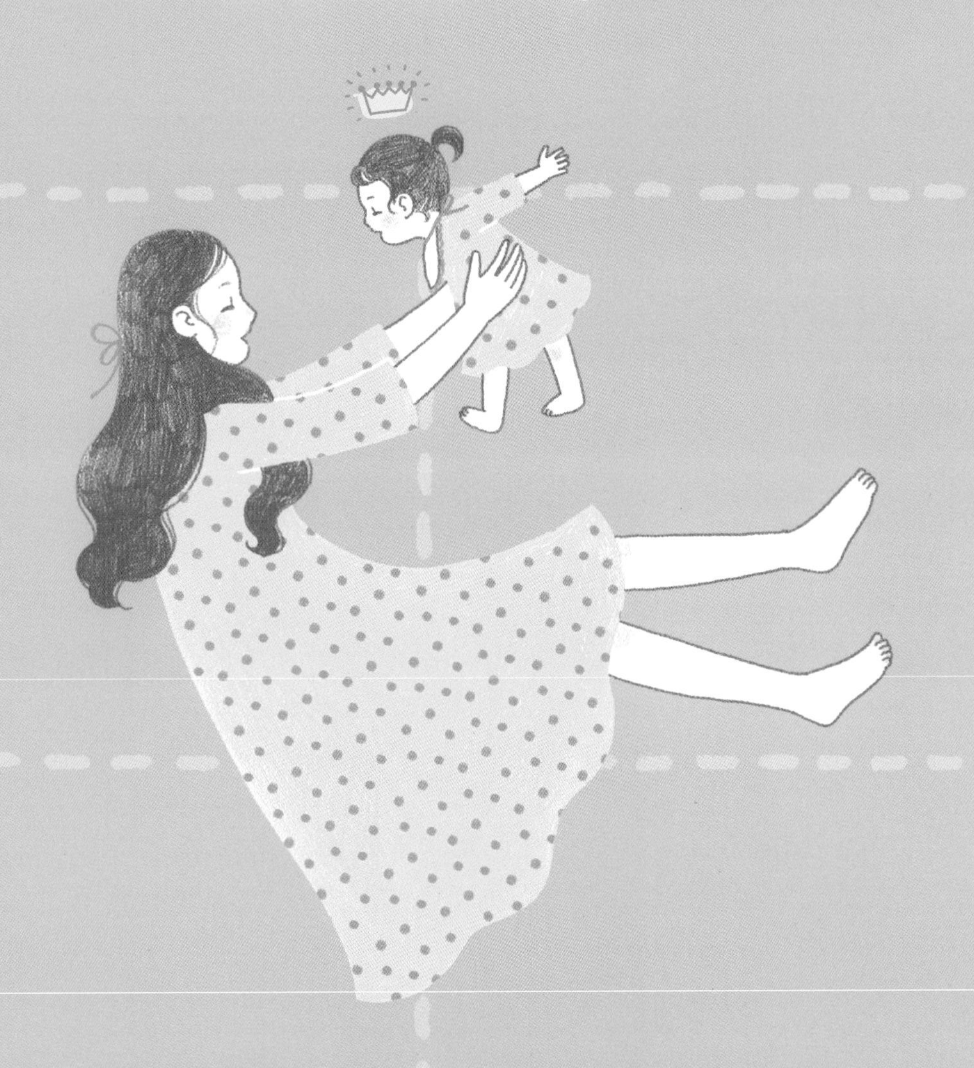

놀이북 사용법

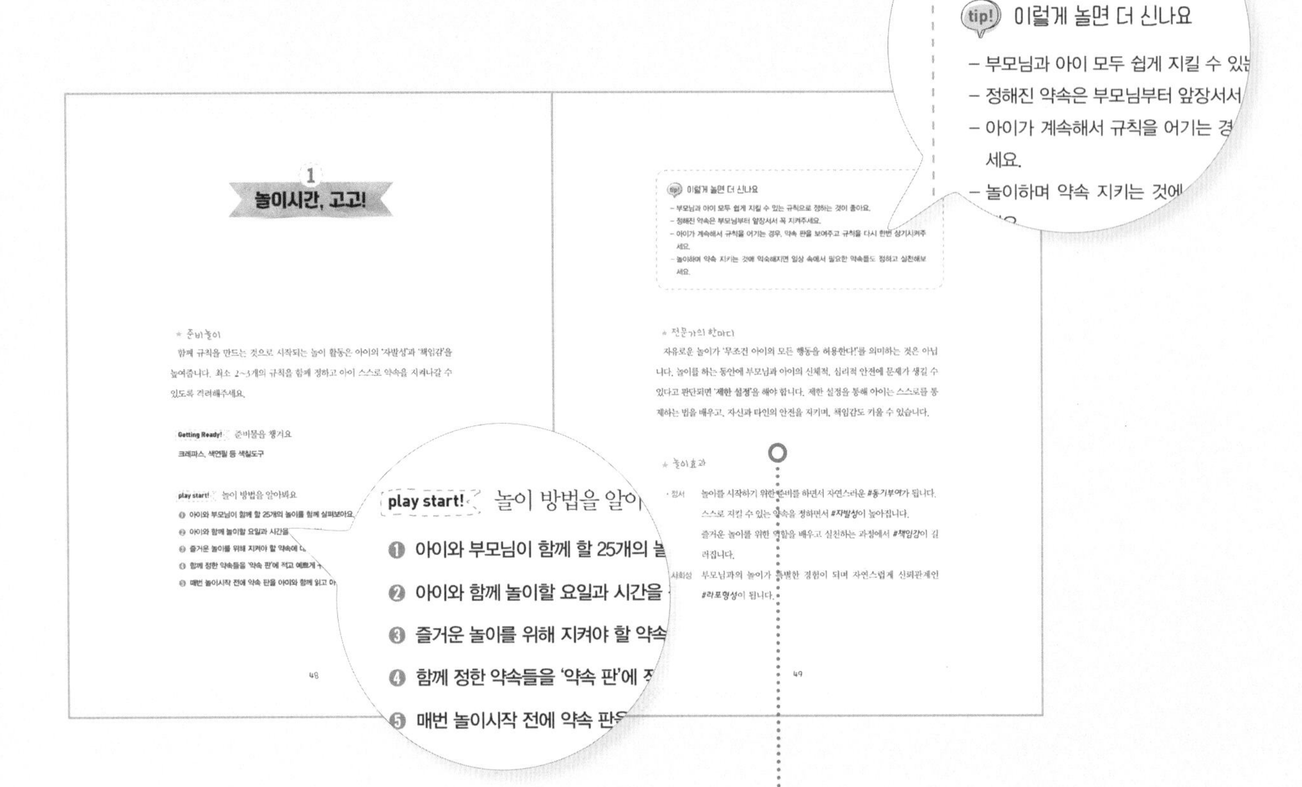

오늘은 어떤 놀이를 해볼까요?

놀이 방법과 놀이 효과를 알려줄게요! 우리 아이와 함께할 놀이에 대한 간단한 설명과 필요한 준비물, 놀이 방법, 놀이 효과를 자세하게 설명해줍니다. 놀이 시작 전에 꼭! 읽어주세요.

색칠하고, 오리고, 붙이고!

알록달록 색칠해서 꾸미고, 가위로 조심조심 자르고, 원하는 곳에 붙여주면 완성되는 우리 둘만의 놀이북. 아이와 함께 예쁘게 만들어봐요!

준비놀이 2. 나는 작은 예술가 ___월 ___일

★ 놀이 후 간단 체크리스트!

완벽한 부모는 성장을 멈추지 않는 부모입니다. 부모님의 노력과 시도에 초점을 맞추세요.

- 구조화하기
- [ ] 정해진 시간에 놀이를 시작했나요?
- [ ] 정해진 공간에서 놀이했나요?
- [ ] 준비물은 미리 챙겼나요?
- [ ] 약속 판을 함께 읽어보았나요?

- 공감하기
- [ ] "00구나~" 어법을 사용하며 아이가 표현한 감정이나 행동을 이해해주었나요?
- [ ] 목소리 톤, 몸짓, 표정 등 아이의 비언어적인 표현을 따라 해보았나요?
- [ ] 아이의 감정, 욕구를 알아차렸나요?
- [ ] 아이의 놀이에 흥미와 관심을 적극적으로 표현했나요?

- 따라가기
- [ ] 아이 스스로 놀이하도록 했나요?
- [ ] 아이에게 놀이하는 법을 가르치거나 질문을 하지 않고 지켜봐주었나요?
- [ ] 아이가 요구하는 부모님의 역할에 적극 참여하였나요?
- [ ] 아이에게 완전하게 놀이의 주도권을 넘겨주었나요?

- 공감적 제한하기
- [ ] 아이의 감정을 먼저 알아차리고 대화를 시도했나요?
- [ ] 아이의 이름을 부르고 행동에 대한 부모님의 입장을 이야기해주었나요?
- [ ] 문제가 된 행동을 대신할 수 있는 대안적 행동을 제시해주었나요?
- [ ] 대안적 행동을 다시 알려주고 아이가 다음 행동을 선택할 수 있도록 기다려주었나

65

함께하는 신체놀이, 상상놀이, 협동놀이

아동은 연령에 따른 발달과업이 모두 다르기 때문에 놀이도 함께 달라져야 합니다. 25개의 놀이는 크게 신체놀이, 상상놀이, 협동놀이로 구성되어 있습니다. 3가지 단계는 서로 연결되어 통합적인 아이의 성장발달을 촉진시켜줍니다.

1단계는 친밀감을 형성하고 자아개념을 만들어주는 신체놀이, 2단계는 인지발달을 돕고 감정표현과 창의력을 높이는 상상놀이, 마지막 3단계는 아이가 분리개별화 과정을 마친 후 독립적인 존재로 세상에 나갈 준비를 하기 위한 협동놀이입니다. 모든 과정을 함께하는 부모님은 아이와 튼튼한 유대감을 만들 수 있습니다.

❶ 단계 친밀감 다지기

먼저 신체놀이를 통해 아이와 스킨십해보세요. 아이의 비언어적인 표현에 관심을 가져보세요. 아이의 눈빛, 표정, 몸짓을 통해 그동안 알지 못했던 아이의 새로운 모습을 바라봐주세요. 신체놀이는 아이와의 친밀감을 한층 높여줍니다.

❷ 단계 공감과 이해 전달하기

다음은 상상놀이입니다. 아이가 만들어내는 이야기와 상상의 세계에 빠져 함께 놀아보세요. 그 안에는 아이의 멋진 내면세계가 담겨 있습니다. 아이의 상상 속 세계를 통해 아이 내면의 이야기와 감정을 이해해보세요. 그리고 공감적 반응을 통해 당신이 아이를 이해하고 있다는 걸 표현해주세요. 상상놀이를 통한 쌍방향적 소통 경험은 공감능력을 높여줘요.

❸ 단계 사회성 길러주기

마지막으로 협동놀이입니다. 협동놀이를 하면서 부모님과 아이는 서로 힘을 합쳐 문제를 해결하고 목표를 이룰 수 있습니다. 서로를 도와 협동하며 놀다 보면 어느새 부모는 아이의 생애 최초, 최고의 파트너가 되어 있을 것입니다. 또한 부모님과의 협동놀이는 아이의 사회성 형성에 단단한 토대를 마련해줍니다. 협동 놀이를 통해 사회적 기술을 가르쳐주세요.

★ 놀이 시작 전 부모님의 결심!

첫째, 아이의 행동 비난하지 않기

둘째, 필요 없는 질문으로 놀이 방해하지 않기

셋째, 부모님의 필요에 의해 놀이 중단시키지 않기

넷째, 잔소리 하지 않기

다섯째, 부모님이 놀이의 주인 되지 않기

여섯째, 방관자 되지 않기

1
놀이시간, 고고!

★ 준비놀이

함께 규칙을 만드는 것으로 시작되는 놀이 활동은 아이의 '자발성'과 '책임감'을 높여줍니다. 최소 2~3개의 규칙을 함께 정하고 아이 스스로 약속을 지켜나갈 수 있도록 격려해주세요.

Getting Ready! 준비물을 챙겨요

크레파스, 색연필 등 색칠도구

play start! 놀이 방법을 알아봐요

1. 아이와 부모님이 함께 할 25개의 놀이를 함께 살펴보아요.
2. 아이와 함께 놀이할 요일과 시간을 정해봅니다.
3. 즐거운 놀이를 위해 지켜야 할 약속에 대해 함께 이야기합니다.
4. 함께 정한 약속들을 '약속 판'에 적고 예쁘게 꾸며주세요.
5. 매번 놀이시작 전에 약속 판을 아이와 함께 읽고 아이가 약속을 잊지 않도록 해주세요.

 이렇게 놀면 더 신나요

- 부모님과 아이 모두 쉽게 지킬 수 있는 규칙으로 정하는 것이 좋아요.
- 정해진 약속은 부모님부터 앞장서서 꼭 지켜주세요.
- 아이가 계속해서 규칙을 어기는 경우, 약속 판을 보여주고 규칙을 다시 한번 상기시켜주세요.
- 놀이하며 약속 지키는 것에 익숙해지면 일상 속에서 필요한 약속들도 정하고 실천해보세요.

★ 전문가의 한마디

자유로운 놀이가 '무조건 아이의 모든 행동을 허용한다!'를 의미하는 것은 아닙니다. 놀이를 하는 동안에 부모님과 아이의 신체적, 심리적 안전에 문제가 생길 수 있다고 판단되면 '제한 설정'을 해야 합니다. 제한 설정을 통해 아이는 스스로를 통제하는 법을 배우고, 자신과 타인의 안전을 지키며, 책임감도 키울 수 있습니다.

★ 놀이효과

- 정서　놀이를 시작하기 위한 준비를 하면서 자연스러운 ***#동기부여***가 됩니다.
  스스로 지킬 수 있는 약속을 정하면서 ***#자발성***이 높아집니다.
  즐거운 놀이를 위한 역할을 배우고 실천하는 과정에서 ***#책임감***이 길러집니다.
- 사회성　부모님과의 놀이가 특별한 경험이 되며 자연스럽게 신뢰관계인 ***#라포형성***이 됩니다.

약속하기

엄마와 나의 약속

1,

2,

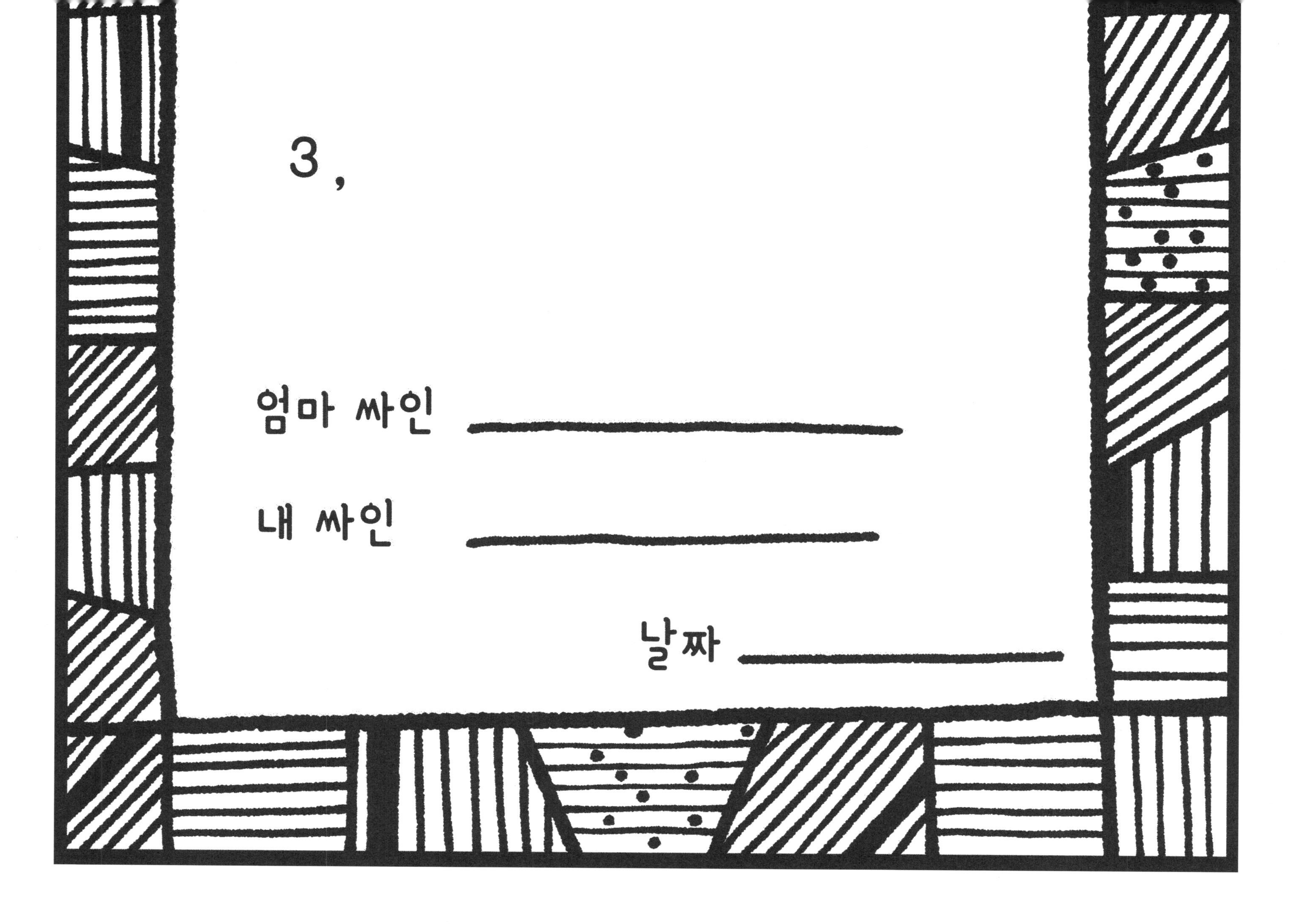

3,

엄마 싸인 ____________

내 싸인 ____________

날짜 ____________

★ 놀이 후 간단 체크리스트!

완벽한 부모는 성장을 멈추지 않는 부모입니다. 부모님의 노력과 시도에 초점을 맞추세요.

☑ • 구조화하기

☐ 정해진 시간에 놀이를 시작했나요?

☐ 정해진 공간에서 놀이했나요?

☐ 준비물은 미리 챙겼나요?

☐ 약속 판을 함께 읽어보았나요?

☑ • 공감하기

☐ "00구나~" 어법을 사용하며 아이가 표현한 감정이나 행동을 이해해주었나요?

☐ 목소리 톤, 몸짓, 표정 등 아이의 비언어적인 표현을 따라 해보았나요?

☐ 아이의 감정, 욕구를 알아차렸나요?

☐ 아이의 놀이에 흥미와 관심을 적극적으로 표현했나요?

☑ • 따라가기

☐ 아이 스스로 놀이하도록 했나요?

☐ 아이에게 놀이하는 법을 가르치거나 질문을 하지 않고 지켜봐주었나요?

☐ 아이가 요구하는 부모님의 역할에 적극 참여하였나요?

☐ 아이에게 완전하게 놀이의 주도권을 넘겨주었나요?

☑ • 공감적 제한하기

☐ 아이의 감정을 먼저 알아차리고 대화를 시도했나요?

☐ 아이의 이름을 부르고 행동에 대한 부모님의 입장을 이야기해주었나요?

☐ 문제가 된 행동을 대신할 수 있는 대안적 행동을 제시해주었나요?

☐ 대안적 행동을 다시 알려주고 아이가 다음 행동을 선택할 수 있도록 기다려주었나요?

"오늘 너와 함께 보낸 시간은…"

년 월 일 요일

2

나는 작은 예술가

★ 준비놀이

여러 가지 놀이를 시작하기 전 준비를 위해 먼저 색칠도구들과 친해지는 기회를 주세요. 다양한 선과 모양들을 자유롭게 그리고 색칠하는 연습을 해봅시다.

Getting Ready! 준비물을 챙겨요

크레파스, 색연필 등 색칠도구

play start! 놀이 방법을 알아봐요

❶ **다양한 색칠도구를 이용해서 도안을 따라 그림도 그려보고 색칠도 해봅니다.**

❷ **부모님과 아이가 함께 빈 면을 선과 색으로 채워보세요.**

이렇게 놀면 더 신나요

- 양손 모두 사용해서 자유롭게 그려보세요.
- 직선, 곡선, 점선, 꾸불꾸불한 선, 뾰족뾰족한 선… 다양한 선을 그려보세요.
- 좋아하는 색, 싫어하는 색 모두 칠해보고 함께 이야기해주세요.
- 자유롭게 그린 그림에 제목을 붙여주세요.

★ 전문가의 한마디

자신의 긴장감을 다루는 것에 서툰 아이들은 두렵고 불안한 마음을 과잉행동, 부적절한 질문, 흥미 없는 척으로 표현합니다. '그림 그리기'라고 하면 잘 그려야 한다는 부담을 가질 수도 있어요. 이 시간에는 잘하고 못하고를 떠나 즐겁게 노는 것만이 중요하다는 사실을 알려주세요. 부모님이 먼저 자유롭게 그림 그리는 모습을 보여주세요. 그런 부모님의 모습을 보며 아이들은 안심합니다. 이렇게 아이를 안심시켜주는 행동을 '모델링'이라고 합니다.

★ 놀이효과

- **신체** 손의 움직임을 통해 시각적 결과물을 만들어내는 **#통합운동능력**을 연습합니다.
- **정서** 쉽고 즐겁게 그림 그리며 **#불안감을_해소**하고 놀이에 집중할 수 있습니다.
- **인지** 다양한 모양의 선과 색을 통해 그림을 그려보면서 **#공간개념**을 학습합니다.
- **사회성** 함께 그림을 완성하는 과정에서 **#타협**하고 상대방을 돕는 법을 배웁니다.

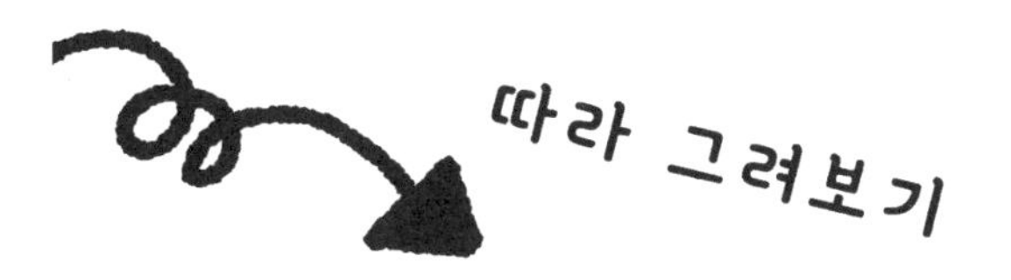
따라 그려보기

색 칠해보기

★ 놀이 후 간단 체크리스트!

완벽한 부모는 성장을 멈추지 않는 부모입니다. 부모님의 노력과 시도에 초점을 맞추세요.

☑ • 구조화하기

☐ 정해진 시간에 놀이를 시작했나요?

☐ 정해진 공간에서 놀이했나요?

☐ 준비물은 미리 챙겼나요?

☐ 약속 판을 함께 읽어보았나요?

☑ • 공감하기

☐ "00구나~" 어법을 사용하며 아이가 표현한 감정이나 행동을 이해해주었나요?

☐ 목소리 톤, 몸짓, 표정 등 아이의 비언어적인 표현을 따라 해보았나요?

☐ 아이의 감정, 욕구를 알아차렸나요?

☐ 아이의 놀이에 흥미와 관심을 적극적으로 표현했나요?

☑ • 따라가기

☐ 아이 스스로 놀이하도록 했나요?

☐ 아이에게 놀이하는 법을 가르치거나 질문을 하지 않고 지켜봐주었나요?

☐ 아이가 요구하는 부모님의 역할에 적극 참여하였나요?

☐ 아이에게 완전하게 놀이의 주도권을 넘겨주었나요?

☑ • 공감적 제한하기

☐ 아이의 감정을 먼저 알아차리고 대화를 시도했나요?

☐ 아이의 이름을 부르고 행동에 대한 부모님의 입장을 이야기해주었나요?

☐ 문제가 된 행동을 대신할 수 있는 대안적 행동을 제시해주었나요?

☐ 대안적 행동을 다시 알려주고 아이가 다음 행동을 선택할 수 있도록 기다려주었나요?

년 월 일 요일

3

알록달록, 데칼코마니

★ 준비놀이

아이가 좋아하는 색의 물감을 골라 직접 짜볼 수 있도록 해주세요. 몇 번의 시도를 통해 아이는 스스로 물감의 양을 조절하고 물감의 색을 혼합하는 방법을 터득할 수 있어요.

Getting Ready! 준비물을 챙겨요

아크릴 물감, 물티슈, 가위, 물감이 묻어도 되는 옷

play start! 놀이 방법을 알아봐요

1. 점선을 따라 종이를 잘라서 3개의 작은 면을 만듭니다.
2. 아크릴 물감을 이용하여 아이에게 다양한 색을 보여주세요.
3. 부모님이 먼저 종이 위에 물감을 짠 후 접고 눌러서 데칼코마니 놀이를 보여주세요.
4. 아이가 원하는 색의 물감을 짠 후 종이를 덮고 두드려서 데칼코마니를 완성할 수 있게 유도해주세요.

 이렇게 놀면 더 신나요

- 색의 종류가 다양한 물감을 준비해주세요. 아이가 다양한 색자극을 받을 수 있어요.
- 만들어진 데칼코마니의 이미지를 보면서 아이가 상상하고 이야기를 만들 수 있도록 격려해주세요. 제목을 붙여보거나 이미지 속에서 동물을 찾아보거나 느껴지는 감정을 이야기해보거나 물감이 마른 후 덧그림을 그려보는 것처럼 다양한 활동을 할 수 있어요.
- 종이를 겹친 후 두드릴 때 "힘차게 두드려보자!", "살살 부드럽게 토닥토닥 해볼까?" 등 언어적 개입을 통해 아이가 힘을 조절할 수 있도록 도와주세요.
- 물감이 번지거나 옷에 묻는 것을 걱정하지 말고 최대한 아이를 자유롭게 해주세요.

★ 전문가의 한마디

'**데칼코마니**'는 물감을 짠 후 종이를 접어 다른 한 면에 옮기는 미술기법입니다. 간단한 방법으로 아이는 쉽고 재미있는 미술작업을 경험할 수 있습니다. 또한 아이는 예측을 벗어난 결과물을 만들어내며 창의력을 키울 수 있습니다.

★ 놀이효과

- **신체** 양을 조절하면서 물감을 짜고, 종이를 두드리는 활동을 통해 ***#소근육이_발달***하고 ***#힘_조절*** 방법을 알게 됩니다.
- **정서** 쉬운 방법과 예측을 벗어난 결과물을 통해서 아이는 ***#만족감***을 느낍니다.
- **인지** 데칼코마니의 색 혼합 과정을 경험하면서 ***#색_개념***과 감각을 익힙니다.

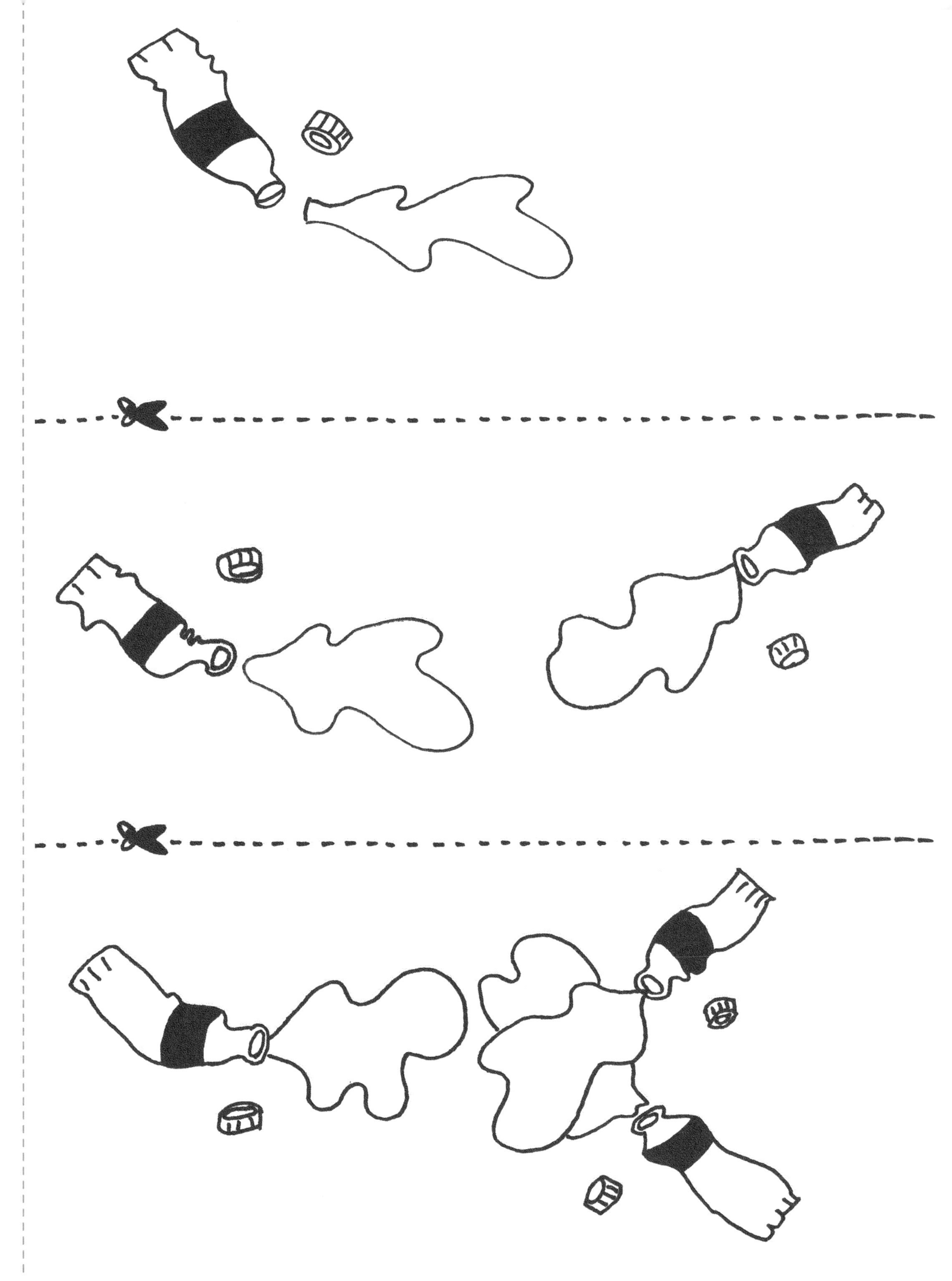

★ 놀이 후 간단 체크리스트!

완벽한 부모는 성장을 멈추지 않는 부모입니다. 부모님의 노력과 시도에 초점을 맞추세요.

☑ • 구조화하기

- ☐ 정해진 시간에 놀이를 시작했나요?
- ☐ 정해진 공간에서 놀이했나요?
- ☐ 준비물은 미리 챙겼나요?
- ☐ 약속 판을 함께 읽어보았나요?

☑ • 공감하기

- ☐ "00구나~" 어법을 사용하며 아이가 표현한 감정이나 행동을 이해해주었나요?
- ☐ 목소리 톤, 몸짓, 표정 등 아이의 비언어적인 표현을 따라 해보았나요?
- ☐ 아이의 감정, 욕구를 알아차렸나요?
- ☐ 아이의 놀이에 흥미와 관심을 적극적으로 표현했나요?

☑ • 따라가기

- ☐ 아이 스스로 놀이하도록 했나요?
- ☐ 아이에게 놀이하는 법을 가르치거나 질문을 하지 않고 지켜봐주었나요?
- ☐ 아이가 요구하는 부모님의 역할에 적극 참여하였나요?
- ☐ 아이에게 완전하게 놀이의 주도권을 넘겨주었나요?

☑ • 공감적 제한하기

- ☐ 아이의 감정을 먼저 알아차리고 대화를 시도했나요?
- ☐ 아이의 이름을 부르고 행동에 대한 부모님의 입장을 이야기해주었나요?
- ☐ 문제가 된 행동을 대신할 수 있는 대안적 행동을 제시해주었나요?
- ☐ 대안적 행동을 다시 알려주고 아이가 다음 행동을 선택할 수 있도록 기다려주었나요?

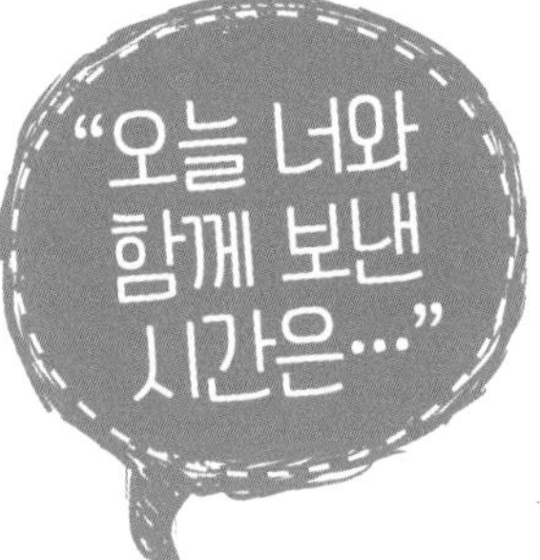

년 월 일 요일

4

내 마음대로 쓱쓱, 스퀴글 게임

★ 준비놀이

아이가 어깨와 팔 전체를 움직이며 자유롭게 다양한 선들을 종이 안에 채우는 놀이예요. 아이가 긴장을 풀고 부모님과의 놀이에 흥미를 느끼도록 도와줍니다. 아이가 그리는 선을 부모님이 함께 따라 그리며 채워가는 경험은 친밀감을 형성하는 데 아주 큰 도움이 됩니다.

Getting Ready! 준비물을 챙겨요

크레파스, 색연필 등 색칠도구

play start! 놀이 방법을 알아봐요

❶ 아이가 자유롭게 선을 그리도록 해주세요.

❷ 책을 사방으로 돌려가며 선과 선 사이의 공간에 색을 칠해봅니다.

❸ 선과 모양에서 이미지를 찾아 이름을 지어보세요. 아이가 상상력을 발휘하도록 돕습니다.

 이렇게 놀면 더 신나요

- 느리게, 빠르게 또는 눈 감고 선 그리기 등 놀이를 확장해봅니다.
- 만들어진 모양에 선을 덧그려 동물이나 사물의 모습을 그려봅니다.
- 따라 그리기, 반대방향으로 그리기 등을 시도하면서 함께 호흡을 맞춰보세요.
- 음악을 틀고 리듬에 맞춰 그려보세요.

★ 전문가의 한마디

결과 위주의 교육에 익숙한 아이들은 오히려 특정한 주제나 지시 없이 자유롭게 그리는 것을 어려워합니다. 아이가 자발적이고 창의적인 그림 그리기에 익숙해질 수 있도록 초기불안과 긴장해소에 효과가 있는 '스퀴글' 기법(상담자가 먼저 자유로운 선을 하나 그어 제시한 다음 내담자가 그 선을 단서로 이미지를 완성하는 미술치료기법)을 시도해보세요.

★ 놀이효과

- 신체 정교한 선을 그리는 작업은 **#소근육**을 키워줍니다.
- 정서 비지시적인 선 그리기는 **#자유로움**을 경험하게 해주고 **#긴장감을_해소** 시켜줍니다.
- 인지 다양한 모양과 색을 통해 이미지를 떠올리고 구체화하는 **#추상적_사고**를 하게 됩니다.

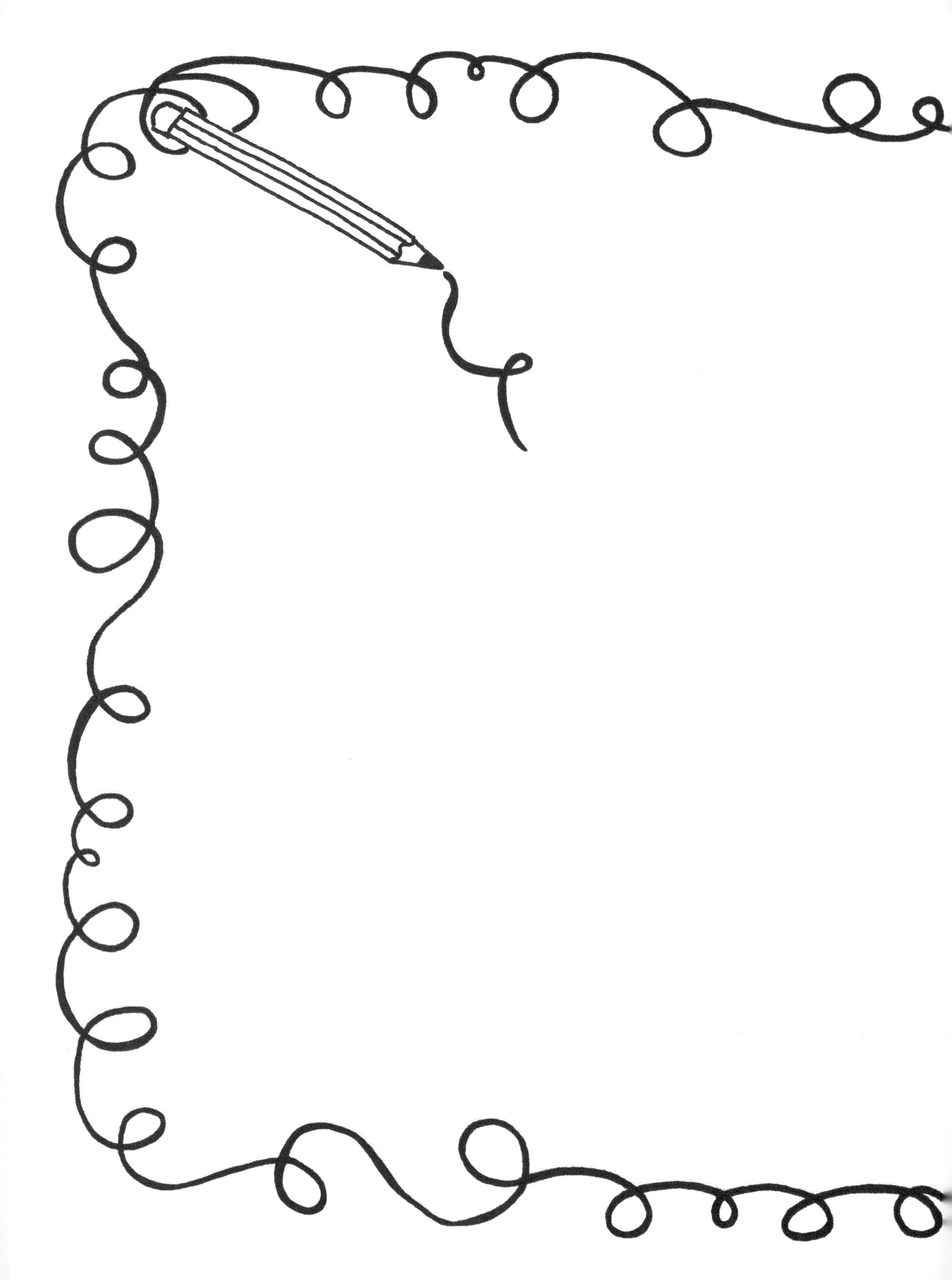

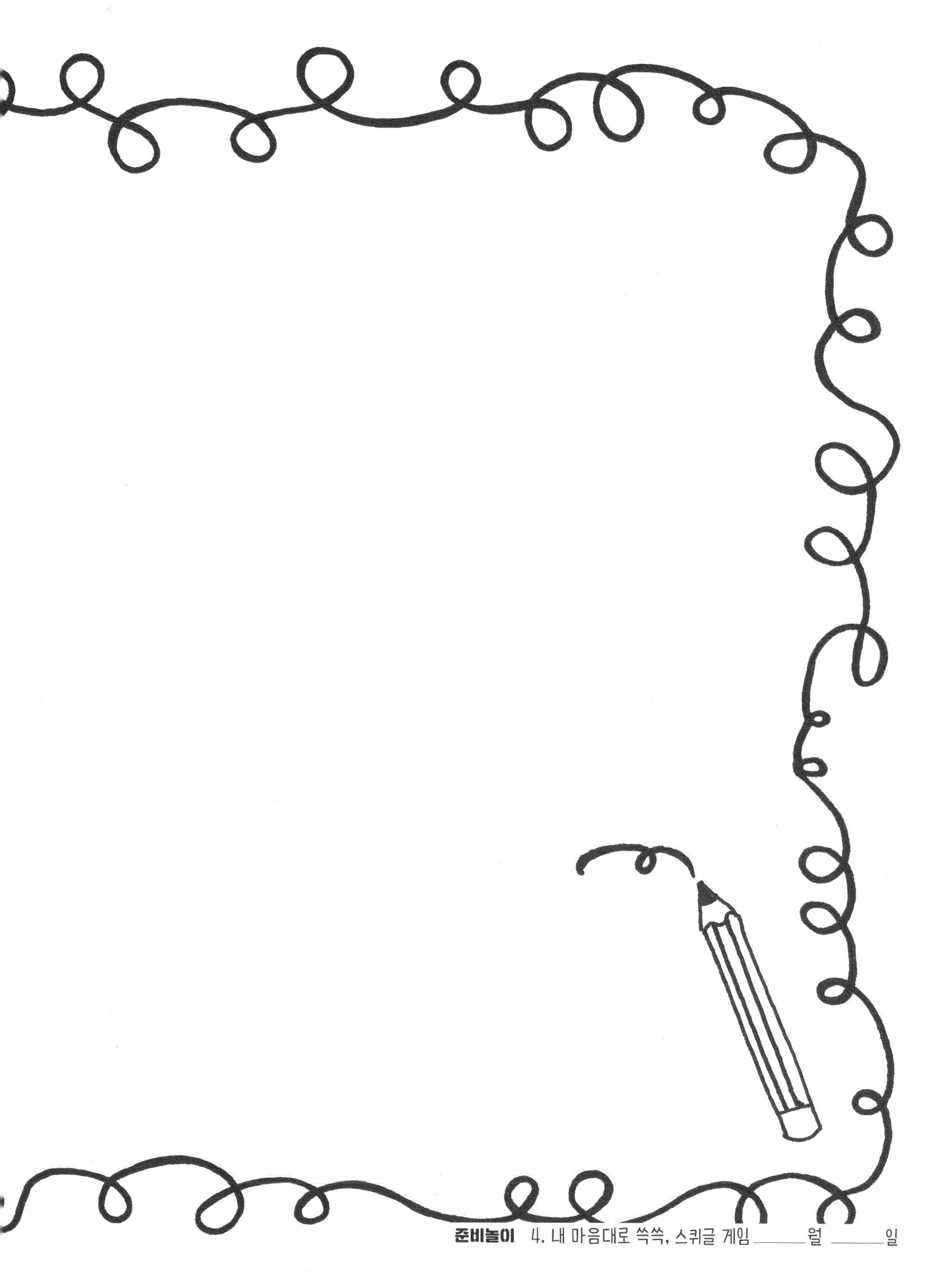

★ 놀이 후 간단 체크리스트!

완벽한 부모는 성장을 멈추지 않는 부모입니다. 부모님의 노력과 시도에 초점을 맞추세요.

☑ • **구조화하기**

- ☐ 정해진 시간에 놀이를 시작했나요?
- ☐ 정해진 공간에서 놀이했나요?
- ☐ 준비물은 미리 챙겼나요?
- ☐ 약속 판을 함께 읽어보았나요?

☑ • **공감하기**

- ☐ "00구나~" 어법을 사용하며 아이가 표현한 감정이나 행동을 이해해주었나요?
- ☐ 목소리 톤, 몸짓, 표정 등 아이의 비언어적인 표현을 따라 해보았나요?
- ☐ 아이의 감정, 욕구를 알아차렸나요?
- ☐ 아이의 놀이에 흥미와 관심을 적극적으로 표현했나요?

☑ • **따라가기**

- ☐ 아이 스스로 놀이하도록 했나요?
- ☐ 아이에게 놀이하는 법을 가르치거나 질문을 하지 않고 지켜봐주었나요?
- ☐ 아이가 요구하는 부모님의 역할에 적극 참여하였나요?
- ☐ 아이에게 완전하게 놀이의 주도권을 넘겨주었나요?

☑ • **공감적 제한하기**

- ☐ 아이의 감정을 먼저 알아차리고 대화를 시도했나요?
- ☐ 아이의 이름을 부르고 행동에 대한 부모님의 입장을 이야기해주었나요?
- ☐ 문제가 된 행동을 대신할 수 있는 대안적 행동을 제시해주었나요?
- ☐ 대안적 행동을 다시 알려주고 아이가 다음 행동을 선택할 수 있도록 기다려주었나요?

년 월 일 요일

5

서로 바라봐요

★ 신체놀이

부모님과 아이가 서로의 얼굴을 바라볼 수 있는 시간을 만들어보세요. 마주 앉아 눈을 맞추고 얼굴, 표정을 관찰하고 서로의 얼굴을 쓰다듬어주며 사랑이 담긴 스킨십을 시도해보세요.

Getting Ready! 준비물을 챙겨요

크레파스, 색연필 등 색칠도구

play start! 놀이 방법을 알아봐요

❶ 마주 앉아 서로의 얼굴을 쳐다보며 자연스럽게 눈을 맞춰 봅니다.

❷ 순서를 정해 다양한 표정을 지어보고 거울을 보는 것처럼 서로 따라 해보세요. 미소 짓기, 찡그리기, 웃긴 표정 짓기, 눈 깜박이기, 화난 표정 짓기 등을 해봅니다.

❸ 충분히 서로의 얼굴을 바라보고 서로 쓰다듬어줍니다.

❹ 얼굴 도안에 서로의 이목구비를 그려줍니다.

❺ 그림이 완성되면 서로 보여주고 이야기를 나눠봅니다.

이렇게 놀면 더 신나요

- 눈싸움, 웃음 참기 놀이, '코, 코, 코, 입' 같은 게임을 해보아요.
- 서로의 얼굴에서 닮은 점이나 좋아하는 표정을 말해봅니다.

★ 전문가의 한마디

자신의 감정이나 속마음을 말로 이야기하는 것이 아직 어려운 만 3~7세의 아이들은 표정이나 몸짓 같은 '비언어적인 표현'에 더 익숙합니다. 부모님이 아이의 비언어적 표현을 이해하는 것은 공감의 첫 단추입니다. 아이의 표정, 몸짓을 잘 관찰하고 아이의 숨은 감정을 이해해보세요.

★ 놀이효과

- 신체 서로의 얼굴을 만지고 탐색하면서 ***#스킨십***으로 애정을 확인합니다.
- 정서 애정이 담긴 스킨십과 눈 맞춤 같은 비언어적 소통을 통해 ***#안정감***을 느낍니다.
- 인지 눈, 코, 입 같은 ***#신체부위를_인식***하는 것은 다른 사람의 감정을 이해하는 공감능력의 기초가 됩니다.
- 사회성 비언어적인 소통을 경험하며 감정을 이해받고 이해하는 ***#공감능력***이 높아집니다.

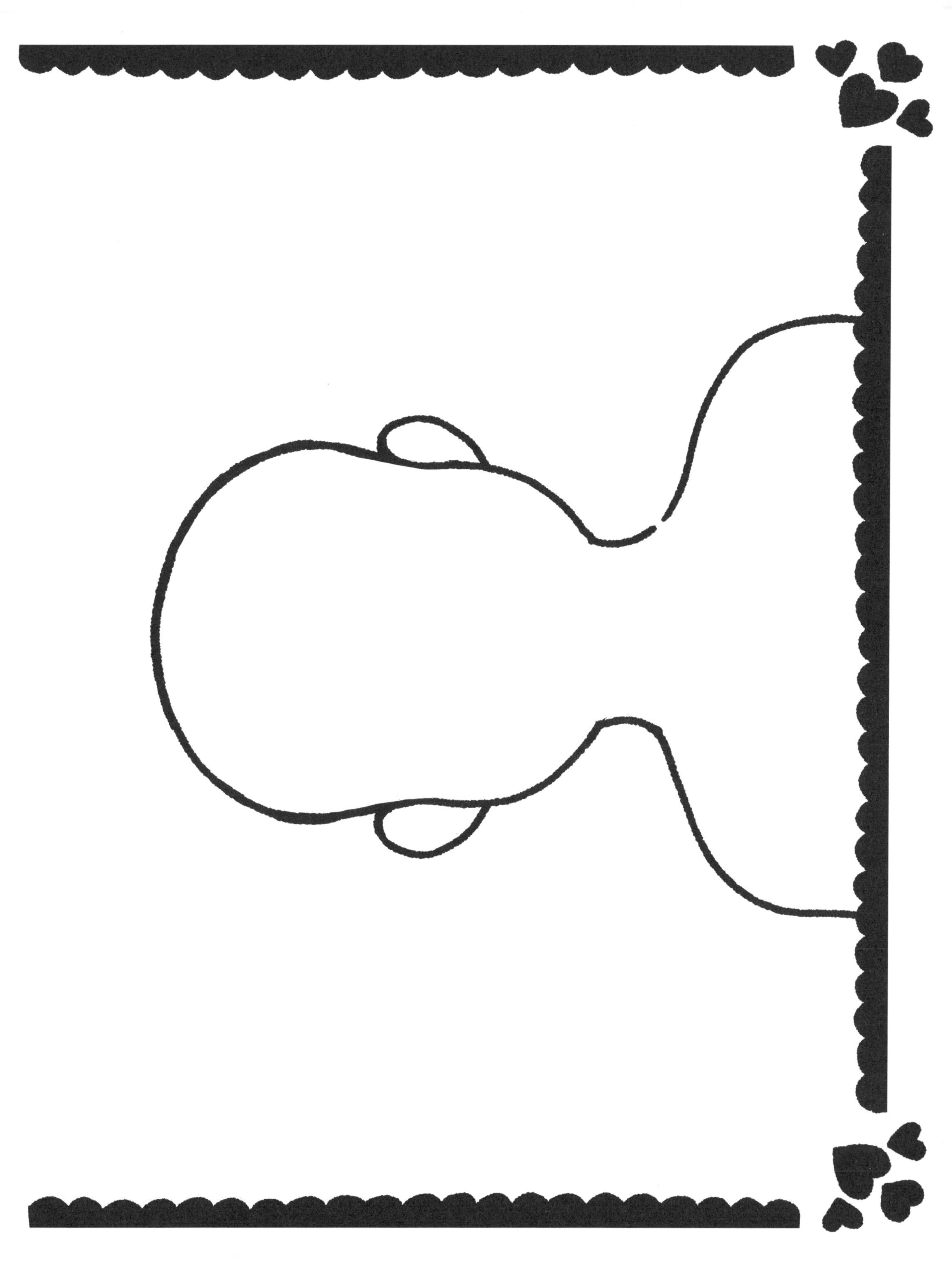

★ 놀이 후 간단 체크리스트!

완벽한 부모는 성장을 멈추지 않는 부모입니다. 부모님의 노력과 시도에 초점을 맞추세요.

☑ • 구조화하기

☐ 정해진 시간에 놀이를 시작했나요?

☐ 정해진 공간에서 놀이했나요?

☐ 준비물은 미리 챙겼나요?

☐ 약속 판을 함께 읽어보았나요?

☑ • 공감하기

☐ "00구나~" 어법을 사용하며 아이가 표현한 감정이나 행동을 이해해주었나요?

☐ 목소리 톤, 몸짓, 표정 등 아이의 비언어적인 표현을 따라 해보았나요?

☐ 아이의 감정, 욕구를 알아차렸나요?

☐ 아이의 놀이에 흥미와 관심을 적극적으로 표현했나요?

☑ • 따라가기

☐ 아이 스스로 놀이하도록 했나요?

☐ 아이에게 놀이하는 법을 가르치거나 질문을 하지 않고 지켜봐주었나요?

☐ 아이가 요구하는 부모님의 역할에 적극 참여하였나요?

☐ 아이에게 완전하게 놀이의 주도권을 넘겨주었나요?

☑ • 공감적 제한하기

☐ 아이의 감정을 먼저 알아차리고 대화를 시도했나요?

☐ 아이의 이름을 부르고 행동에 대한 부모님의 입장을 이야기해주었나요?

☐ 문제가 된 행동을 대신할 수 있는 대안적 행동을 제시해주었나요?

☐ 대안적 행동을 다시 알려주고 아이가 다음 행동을 선택할 수 있도록 기다려주었나요?

년 월 일 요일

6 등과 등을 마주해요

★ 신체놀이

부모님의 등은 아이에게 안정감을 주는 신체부위입니다. 등을 맞대고 서로의 체온과 움직임을 느끼며 하나가 되어가는 과정을 경험해보세요.

Getting Ready! 준비물을 챙겨요

크레파스, 색연필 등 색칠도구, 포근한 이불이나 매트, 편안한 음악

play start! 놀이 방법을 알아봐요

1. 포근한 이불 또는 매트를 이용해 아늑한 공간을 만듭니다.
2. 편안한 음악을 틀어주세요.
3. 서로 등을 맞대고 앉습니다. 등의 체온, 크기, 힘, 호흡, 움직임을 느껴봅니다.
4. 서로에게 등을 기대며 함께 움직여보세요. 아이가 먼저 움직이면 아이의 움직임을 따라가주세요.
5. 네모 칸에 서로 느낀 점을 적어보세요. 그리고 함께 이야기 나눠봅니다.

 이렇게 놀면 더 신나요

- 종이나 인형을 등과 등 사이에 끼우고 떨어지지 않게 하면서 움직여봅니다.
- 등 맞대고 일어나기, 걷기, 등에 이름 써보기 등의 놀이로 확장해보세요.
- 깨울 때 뽀뽀하기, 유치원 가기 전에 안아주기, 머리 쓰다듬어주기, 손잡고 걷기, 울었을 때 토닥여주기 등 일상에서 함께 실천할 스킨십 목록을 만들어보세요.

★ 전문가의 한마디

부모님과의 '스킨십'은 아이에게 안정감과 신뢰감을 줍니다. 아이들은 이때 사랑받고 있다고 느끼고 불쾌한 감정을 위로받으면서 스스로 자신의 감정을 조절하는 법을 배웁니다. 스킨십에 익숙한 아이는 정서적 안정은 물론이고 스트레스 상황에서 짜증과 분노를 조절하며, 스스로 위안하는 능력도 키우게 됩니다. 부모님과의 긍정적인 스킨십 경험은 아이가 좌절을 인내하고 문제를 해결하기 위한 아주 소중한 자원이 됩니다.

★ 놀이효과

- 신체 서로의 등과 등이 접촉하면서 촉감을 자극하여 아이의 ***#감각을_발달***시킵니다.
- 인지 움직임을 조율하면서 자신의 감정을 인식하고 조절하며, 부정적인 감정과 ***#스트레스에_대처하는 법***을 학습합니다.
- 사회성 촉각경험을 ***#표현***하면서 타인과 자신의 경험을 나누는 법을 터득합니다.

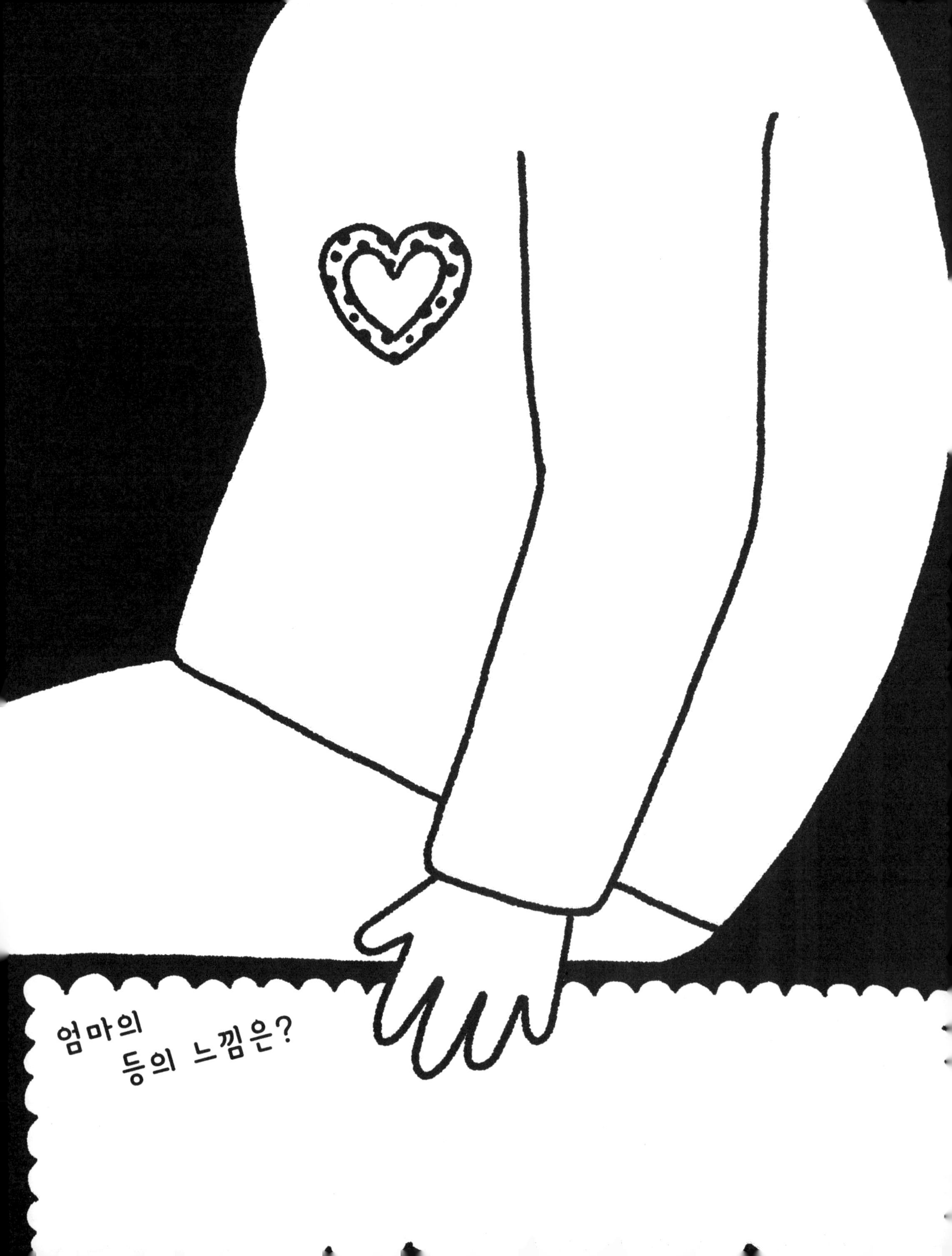
엄마의
등의 느낌은?

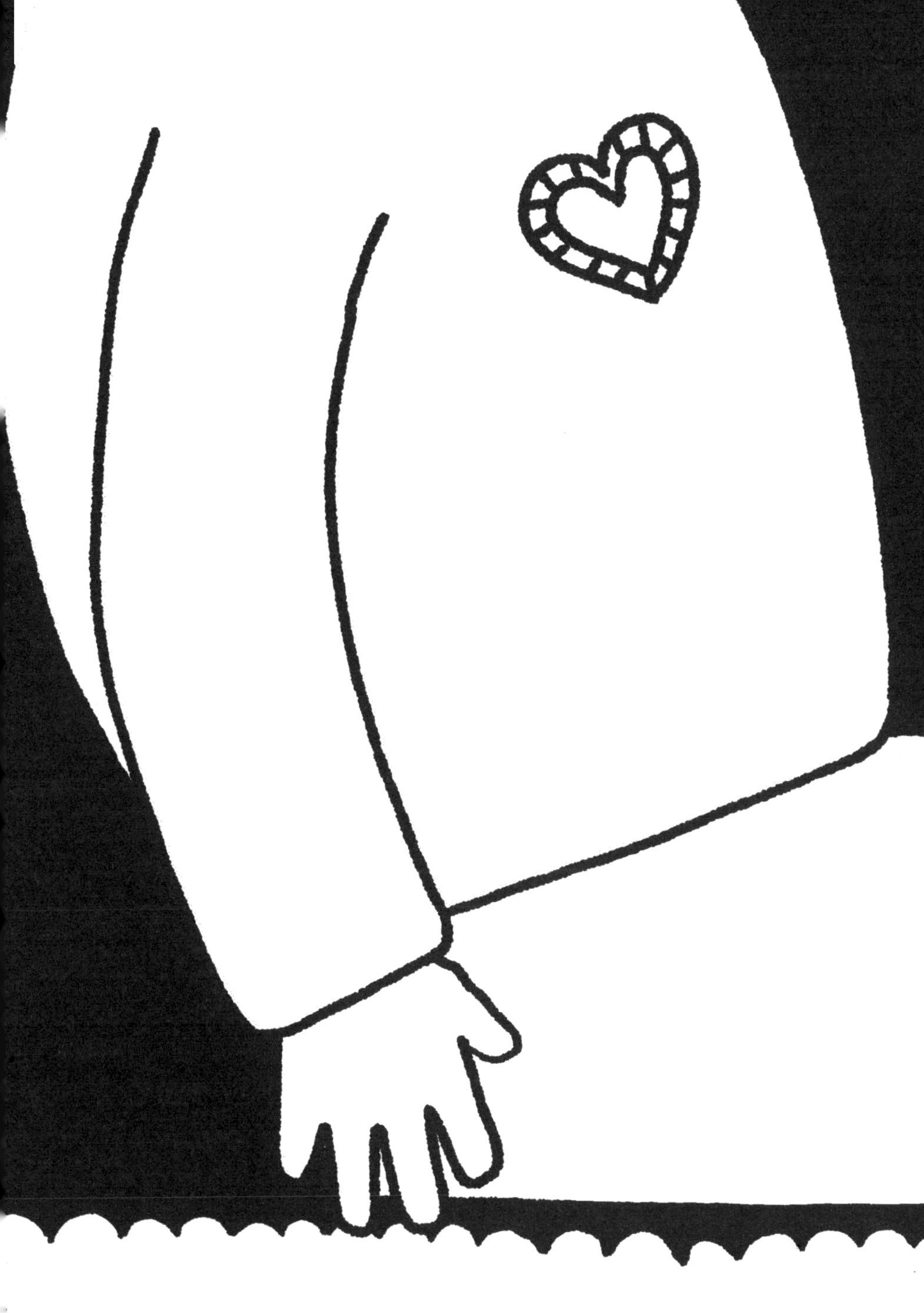

아이의
등의 느낌은?

★ 놀이 후 간단 체크리스트!

완벽한 부모는 성장을 멈추지 않는 부모입니다. 부모님의 노력과 시도에 초점을 맞추세요.

☑ • 구조화하기

☐ 정해진 시간에 놀이를 시작했나요?

☐ 정해진 공간에서 놀이했나요?

☐ 준비물은 미리 챙겼나요?

☐ 약속 판을 함께 읽어보았나요?

☑ • 공감하기

☐ "00구나~" 어법을 사용하며 아이가 표현한 감정이나 행동을 이해해주었나요?

☐ 목소리 톤, 몸짓, 표정 등 아이의 비언어적인 표현을 따라 해보았나요?

☐ 아이의 감정, 욕구를 알아차렸나요?

☐ 아이의 놀이에 흥미와 관심을 적극적으로 표현했나요?

☑ • 따라가기

☐ 아이 스스로 놀이하도록 했나요?

☐ 아이에게 놀이하는 법을 가르치거나 질문을 하지 않고 지켜봐주었나요?

☐ 아이가 요구하는 부모님의 역할에 적극 참여하였나요?

☐ 아이에게 완전하게 놀이의 주도권을 넘겨주었나요?

☑ • 공감적 제한하기

☐ 아이의 감정을 먼저 알아차리고 대화를 시도했나요?

☐ 아이의 이름을 부르고 행동에 대한 부모님의 입장을 이야기해주었나요?

☐ 문제가 된 행동을 대신할 수 있는 대안적 행동을 제시해주었나요?

☐ 대안적 행동을 다시 알려주고 아이가 다음 행동을 선택할 수 있도록 기다려주었나요?

년 월 일 요일

7

손과 손을 마주해요

★ 신체놀이

손바닥 놀이는 스킨십이 어색한 부모와 자녀 사이에 자연스러운 스킨십을 유도합니다. 또한 움직임을 맞춰가며 하나의 리듬을 만드는 과정에서 서로의 움직임과 에너지를 조절해나가는 경험도 하게 됩니다. 손바닥 놀이를 하면서 아이들은 리더와 팔로워의 역할을 번갈아가며 수행할 수 있고, 이를 통해 건강한 상호작용의 원리를 학습합니다.

Getting Ready! 준비물을 챙겨요

크레파스, 색연필 등 색칠도구, 포근한 이불이나 매트

play start! 놀이 방법을 알아봐요

❶ 포근한 이불이나 매트를 이용해 아늑한 공간을 만들어 봅니다.

❷ 마주 앉아서 서로 손바닥을 댄 채로 서로의 힘을 느껴봅니다.

❸ 손바닥이 떨어지지 않게 움직여보세요. 부모님과 아이가 번갈아가며 리드해봅니다. 아이가 먼저 움직이면 부모님은 손이 떨어지지 않게 주의하면서 아이의 손을 따라가주세요.

❹ 부모님이 리드할 때는 아이의 키 높이, 힘을 배려해서 움직여주세요. 아이가 자신감이 생기면 매트에서 일어나 공간을 이동하며 더 신나게 움직여보세요.

❺ 손바닥 놀이가 끝나면 마주 앉아 워크북 위에 손바닥을 대고 손을 따라 그려주세요.

 이렇게 놀면 더 신나요

- 손바닥 놀이를 할 때 움직임의 속도나 높낮이에 변화를 주세요.
- '토끼처럼 빠르게', '거북이처럼 느리게', '손바닥 10번 마주치기' 등을 시도해주세요.
- 핸드로션 발라주기, 손톱 꾸며주기, 반지, 팔지 그려주기 등의 다른 놀이로 확장해보세요.

★ 전문가의 한마디

아이들의 첫 번째 **'조율'**은 양육자의 달램에서 시작됩니다. 울음이나 불안감을 달래주는 엄마의 자장가, 토닥임 등의 리듬에 맞추어 아이는 울음을 멈추고 안정을 찾습니다. 이처럼 양육자가 보내는 신호에 맞춰 자신의 감정과 행동을 조절하게 되면서 아이는 조율을 학습합니다. 적절한 달램을 받아 본 경험이 부족한 아이는 감정조절에 어려움을 겪고 취약한 적응력을 갖게 됩니다. 조율은 아이가 성장하면서 타인이나 사회적 분위기에 자신의 에너지나 감정을 맞출 수 있게 도와줍니다. 조율 능력이 뛰어난 아이는 공감적이고 적응능력이 높으며 건강한 사회적 감각을 갖게 됩니다.

★ 놀이효과

- 신체　상대방의 움직임에 맞추어 몸을 조절하는 ***#신체조절능력***을 키워줍니다.
- 정서　서로가 하나의 리듬으로 움직이는 경험은 ***#친밀감***을 느끼게 합니다.
- 인지　박자에 맞추어 리듬을 만들어가는 과정 안에서 ***#시간_개념***, ***#수_개념***을 익힐 수 있어요.
- 사회성　나의 움직임과 에너지를 다른 대상에 맞추고 조율하면서 ***#상호작용***을 연습합니다.

엄마손을 그려주세요

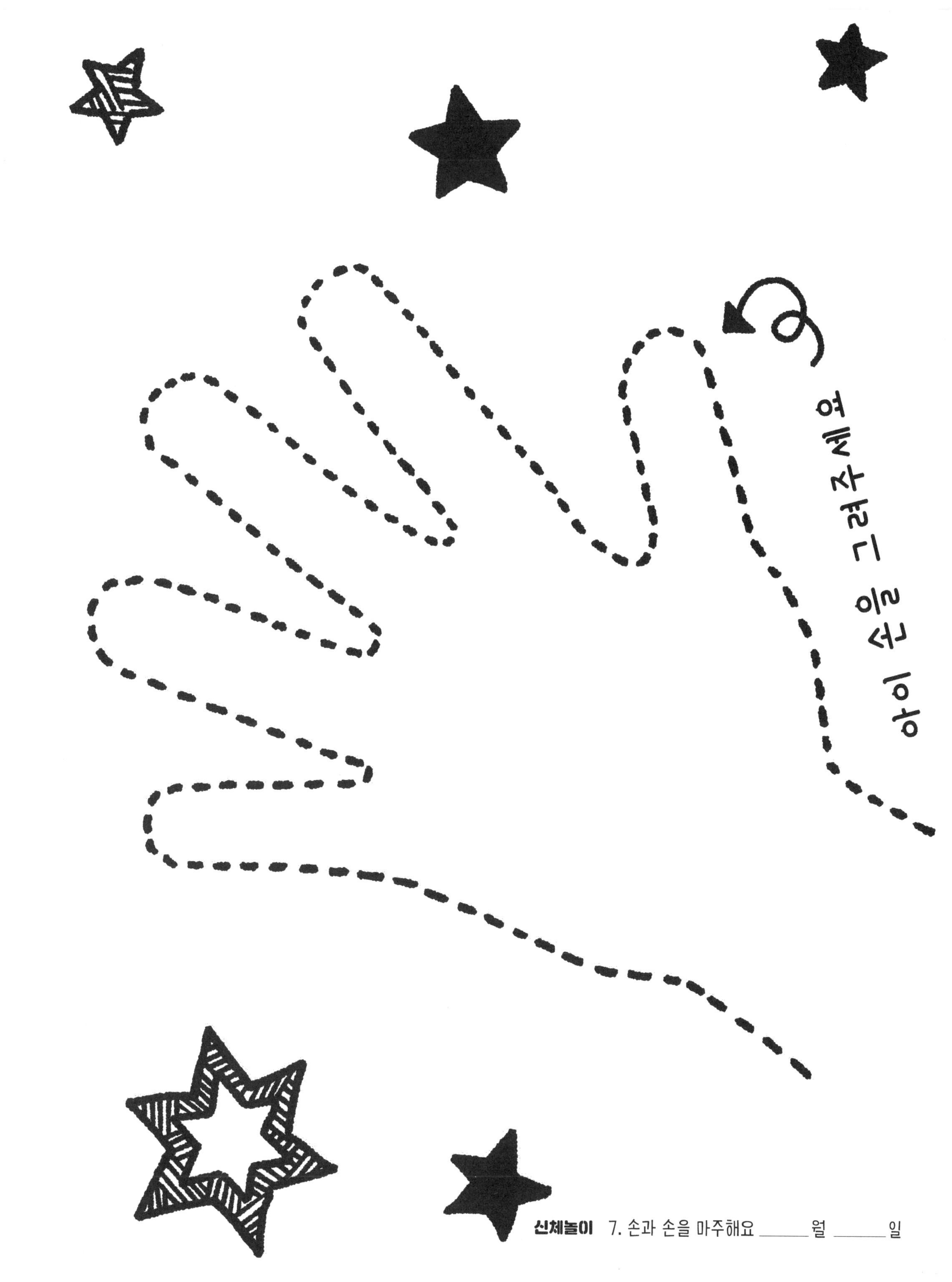
아이 손을 그려주세요

★ 놀이 후 간단 체크리스트!

완벽한 부모는 성장을 멈추지 않는 부모입니다. 부모님의 노력과 시도에 초점을 맞추세요.

☑ • 구조화하기

☐ 정해진 시간에 놀이를 시작했나요?

☐ 정해진 공간에서 놀이했나요?

☐ 준비물은 미리 챙겼나요?

☐ 약속 판을 함께 읽어보았나요?

☑ • 공감하기

☐ "00구나~" 어법을 사용하며 아이가 표현한 감정이나 행동을 이해해주었나요?

☐ 목소리 톤, 몸짓, 표정 등 아이의 비언어적인 표현을 따라 해보았나요?

☐ 아이의 감정, 욕구를 알아차렸나요?

☐ 아이의 놀이에 흥미와 관심을 적극적으로 표현했나요?

☑ • 따라가기

☐ 아이 스스로 놀이하도록 했나요?

☐ 아이에게 놀이하는 법을 가르치거나 질문을 하지 않고 지켜봐주었나요?

☐ 아이가 요구하는 부모님의 역할에 적극 참여하였나요?

☐ 아이에게 완전하게 놀이의 주도권을 넘겨주었나요?

☑ • 공감적 제한하기

☐ 아이의 감정을 먼저 알아차리고 대화를 시도했나요?

☐ 아이의 이름을 부르고 행동에 대한 부모님의 입장을 이야기해주었나요?

☐ 문제가 된 행동을 대신할 수 있는 대안적 행동을 제시해주었나요?

☐ 대안적 행동을 다시 알려주고 아이가 다음 행동을 선택할 수 있도록 기다려주었나요?

년 월 일 요일

8

쓰담쓰담 손가락 인형

★ 신체놀이

손가락 인형을 이용하여 아이의 신체부위를 하나씩 터치하면서 신체 인식을 도와줍니다. 아이의 눈, 코, 입, 얼굴에서 몸통, 팔, 다리, 발가락까지 신체부위의 위치와 움직임을 인식시켜줍니다. 손가락 인형을 이용하여 즐거운 스킨십을 시도해보세요. 아이가 즐겁게 자신의 신체를 인식하면서 긍정적인 신체 이미지를 형성하도록 도와주는 놀이입니다.

Getting Ready! 준비물을 챙겨요

크레파스, 색연필 등 색칠도구, 가위, 풀, 테이프

play start! 놀이 방법을 알아봐요

❶ 손가락 인형의 도안을 아이와 함께 꾸미고 오려서 각자의 손가락에 끼워봅니다.

❷ 서로의 손가락 인형을 이용해서 하이파이브, 악수, 뽀뽀 등과 같은 스킨십을 시도하며 인사해보세요.

❸ 손가락 인형을 이용해 아이의 머리부터 발까지 가볍게 두드리듯이 마사지를 해주세요. 이때 "예쁜 머리", "예쁜 얼굴" 하며 신체부위의 이름을 하나하나 불러주세요.

❹ 서로 간지럼을 태워주면서 함께 웃어보세요.

이렇게 놀면 더 신나요

- 아이처럼 말하는 기법인 '패런티즈'를 사용하여 놀아주세요.
- 간지럼 태우기를 통하여 아이의 긴장을 풀어주세요.
- 손가락 인형 캐릭터를 이용하여 아이와 다양한 역할놀이를 해보세요.

★ 전문가의 한마디

'신체 이미지'는 나의 몸이 어떻게 생겼는지, 몸을 어떻게 느끼는지를 개념화하는 것입니다. 아이가 갖는 자신의 몸에 대한 개념은 나와 타인을 구분하는 능력으로 발달되며 건강한 자아형성의 기초가 됩니다. 즉, 이것은 개별화의 한 과정이며 후에 사회성의 발달로도 이어집니다.

★ 놀이효과

- 신체　촉각 경험을 통해 ***#감각능력***을 키웁니다.
- 정서　놀이를 통해 긍정적 신체 자극을 경험하며 ***#안정감***을 느낍니다.
- 인지　손가락 인형으로 터치하는 신체부위의 이름을 말해주며 아이의 ***#신체인식***을 돕습니다.
- 사회성　부모님과 ***#애정표현***의 기회를 갖습니다.

★ 놀이 후 간단 체크리스트!

완벽한 부모는 성장을 멈추지 않는 부모입니다. 부모님의 노력과 시도에 초점을 맞추세요.

☑ • 구조화하기

☐ 정해진 시간에 놀이를 시작했나요?

☐ 정해진 공간에서 놀이했나요?

☐ 준비물은 미리 챙겼나요?

☐ 약속 판을 함께 읽어보았나요?

☑ • 공감하기

☐ "00구나~"어법을 사용하며 아이가 놀이를 하면서 표현한 감정이나 행동을 이해해주었나요?

☐ 목소리 톤, 몸짓, 표정 등 아이의 비언어적인 표현을 따라해 보았나요?

☐ 아이의 감정, 욕구를 알아차렸나요?

☐ 아이의 놀이에 흥미와 관심을 적극적으로 표현했나요?

☑ • 따라가기

☐ 아이 스스로 놀이하도록 했나요?

☐ 아이에게 놀이하는 법을 가르치거나 질문을 하지 않고 지켜봐주었나요?

☐ 아이가 요구하는 부모님의 역할에 적극 참여하였나요?

☐ 아이에게 완전하게 놀이의 주도권을 넘겨주었나요?

☑ • 공감적 제한하기

☐ 행동수정 전 아이의 감정을 먼저 알아차리고 말해주었나요?

☐ 아이의 이름을 부르고 행동에 대한 부모님의 입장을 이야기해주었나요?

☐ 문제가 된 행동을 대신할 수 있는 대안적 행동을 제시해주었나요?

☐ 대안적 행동을 다시 알려주고 아이가 다음 행동을 선택할 수 있도록 기다려주었나요?

년 월 일 요일

9

나의 털 복숭이 강아지

★ 신체놀이

부모님과 아이가 함께 협동하여 종이를 찢고 붙이는 활동입니다. 종이를 찢는 소근육 운동은 긴장을 해소하고 자유로움을 느끼게 합니다. 또한 아이와 부모님은 서로의 한 손만 사용하여 함께 종이를 찢으면서 서로에게 집중하고 협업하는 자연스러운 파트너십을 경험하게 됩니다. 함께 찢은 종이로 강아지 그림을 완성하면서 유대감을 느낄 수도 있습니다.

Getting Ready! 준비물을 챙겨요

크레파스, 색연필 등 색칠도구, 색종이, 습자지, 안전가위, 풀, 테이프

play start! 놀이 방법을 알아봐요

1. 준비된 습자지나 색종이를 아이는 오른손, 부모님은 왼손을 사용해서 잡아보세요.
2. 함께 힘을 합쳐서 종이를 찢습니다.
3. 찢어진 종이를 털 복숭이 강아지 도안에 자유롭게 붙여주세요.

 이렇게 놀면 더 신나요

- 건강한 긴장감과 즐거움을 위해 시간을 제한해보세요. 3분 정도 되는 노래를 틀거나 알람을 이용해보세요.
- 다 꾸민 강아지에 이름을 지어주세요.

★ 전문가의 한마디

'파트너십'이란 서로가 동등한 위치에서 협력하는 것입니다. 이런 의미에서 부모님과의 파트너십은 아이들에게 자연스럽게 리더십과 책임감을 키워줍니다. 부모님과 한 팀이 되어 공동의 결과물을 만들어 가는 과정은 친밀감 형성에도 도움이 됩니다.

★ 놀이효과

- **신체** 한 손만을 사용해서 종이를 찢는 활동은 소근육을 이용한 ***#조작능력***을 키워줍니다.
- **정서** 부모님과 함께 만들어낸 결과물은 아이에게 무엇인가를 만들어냈다는 ***#성취감***을 줍니다.
- **인지** 상상력을 자극하는 모자이크 놀이는 아이의 ***#창의력***을 키워줍니다.
- **사회성** 협동 작업은 서로 돕고, 양보하고, 지지하는 건강한 ***#파트너십***을 경험하게 해줍니다.

★ 놀이 후 간단 체크리스트!

완벽한 부모는 성장을 멈추지 않는 부모입니다. 부모님의 노력과 시도에 초점을 맞추세요.

☑ • **구조화하기**

- ☐ 정해진 시간에 놀이를 시작했나요?
- ☐ 정해진 공간에서 놀이했나요?
- ☐ 준비물은 미리 챙겼나요?
- ☐ 약속 판을 함께 읽어보았나요?

☑ • **공감하기**

- ☐ "00구나~" 어법을 사용하며 아이가 표현한 감정이나 행동을 이해해주었나요?
- ☐ 목소리 톤, 몸짓, 표정 등 아이의 비언어적인 표현을 따라 해보았나요?
- ☐ 아이의 감정, 욕구를 알아차렸나요?
- ☐ 아이의 놀이에 흥미와 관심을 적극적으로 표현했나요?

☑ • **따라가기**

- ☐ 아이 스스로 놀이하도록 했나요?
- ☐ 아이에게 놀이하는 법을 가르치거나 질문을 하지 않고 지켜봐주었나요?
- ☐ 아이가 요구하는 부모님의 역할에 적극 참여하였나요?
- ☐ 아이에게 완전하게 놀이의 주도권을 넘겨주었나요?

☑ • **공감적 제한하기**

- ☐ 아이의 감정을 먼저 알아차리고 대화를 시도했나요?
- ☐ 아이의 이름을 부르고 행동에 대한 부모님의 입장을 이야기해주었나요?
- ☐ 문제가 된 행동을 대신할 수 있는 대안적 행동을 제시해주었나요?
- ☐ 대안적 행동을 다시 알려주고 아이가 다음 행동을 선택할 수 있도록 기다려주었나요?

년 월 일 요일

10
내 몸이 쑥, 마음이 쑥, 스트레칭놀이

★ 신체놀이

아이와 함께 스트레칭을 하면서 적극적으로 긴장을 풀고 평소에는 잘 쓰지 않았던 근육을 움직여봅니다. 스트레칭은 몸과 마음에 에너지를 충전시키고 신체표현에 자신감을 키워주는 활동입니다.

Getting Ready! 준비물을 챙겨요

방석이나 요가매트

play start! 놀이 방법을 알아봐요

❶ 준비한 방석이나 요가매트를 깔고 서로 마주 앉습니다.

❷ 10가지 스트레칭을 아이와 함께 따라 해보세요.

 이렇게 놀면 더 신나요

- 신나는 음악을 틀고 활동해보세요.
- 누가 더 오래 서 있는지, 누구 다리가 더 넓게 펴지는지, 게임처럼 즐겨보세요.
- 스트레칭 아이디어를 모아 가족체조를 만들어보고 온 가족이 함께 해보세요.

★ 전문가의 한마디

우리의 몸과 마음은 하나로 연결되어 있습니다. 몸의 변화는 마음의 변화로 이어지고 마음의 변화는 몸을 통해 나타납니다. 아이들이 몸을 사용하면서 경험하는 자신감과 긍정적인 에너지는 아이의 '자존감 형성'에 기초가 됩니다.

★ 놀이효과

- 신체 스트레칭을 하면서 몸의 **#대근육**을 사용하고 몸의 **#균형**을 잡아가면서 근력을 강화합니다.
- 정서 자신의 움직임을 조절하고 에너지를 느끼는 경험은 **#자신감**과 **#유능감**으로 확장됩니다.
- 인지 그림을 몸으로 표현하면서 비언어적인 소통인 **#신체표현**을 연습해요.
- 사회성 함께 몸을 움직이고 스킨십을 하면서 **#유대감**을 만들어가요.

★ 놀이 후 간단 체크리스트!

완벽한 부모는 성장을 멈추지 않는 부모입니다. 부모님의 노력과 시도에 초점을 맞추세요.

☑ • 구조화하기

☐ 정해진 시간에 놀이를 시작했나요?

☐ 정해진 공간에서 놀이했나요?

☐ 준비물은 미리 챙겼나요?

☐ 약속 판을 함께 읽어보았나요?

☑ • 공감하기

☐ "00구나~" 어법을 사용하며 아이가 표현한 감정이나 행동을 이해해주었나요?

☐ 목소리 톤, 몸짓, 표정 등 아이의 비언어적인 표현을 따라 해보았나요?

☐ 아이의 감정, 욕구를 알아차렸나요?

☐ 아이의 놀이에 흥미와 관심을 적극적으로 표현했나요?

☑ • 따라가기

☐ 아이 스스로 놀이하도록 했나요?

☐ 아이에게 놀이하는 법을 가르치거나 질문을 하지 않고 지켜봐주었나요?

☐ 아이가 요구하는 부모님의 역할에 적극 참여하였나요?

☐ 아이에게 완전하게 놀이의 주도권을 넘겨주었나요?

☑ • 공감적 제한하기

☐ 아이의 감정을 먼저 알아차리고 대화를 시도했나요?

☐ 아이의 이름을 부르고 행동에 대한 부모님의 입장을 이야기해주었나요?

☐ 문제가 된 행동을 대신할 수 있는 대안적 행동을 제시해주었나요?

☐ 대안적 행동을 다시 알려주고 아이가 다음 행동을 선택할 수 있도록 기다려주었나요?

년 월 일 요일

★ 신체놀이

시각적 자극을 신체표현으로 바꾸어 보는 신체놀이입니다. 다양한 패턴에 맞춰 자신의 몸을 자유롭게 사용하면서 신체표현 능력을 키울 수 있습니다. 또한 즉흥적인 표현활동으로 아이의 창의력과 표현력을 키워줍니다.

Getting Ready! 준비물을 챙겨요

아이가 좋아하는 음악, 포근한 이불이나 매트

play start! 놀이 방법을 알아봐요

❶ 다양한 패턴을 보고 떠오르는 느낌이나 이미지를 자유롭게 이야기해봅니다.

❷ 부모님이 먼저 아이가 고른 패턴을 몸으로 표현해주세요.

❸ 이번에는 부모님이 아이에게 패턴을 골라주고 몸으로 표현하게 해주세요.

❹ 머리, 다리, 발, 손, 손가락 등의 신체부위를 사용해서 적극적으로 움직이도록 격려해주세요.

 이렇게 놀면 더 신나요

- 감정에 관련된 단어를 이용한 '몸으로 말해요' 게임을 해보세요.
- 서로의 움직임을 따라 해보거나 각자의 움직임을 연결해서 부모님과 아이만의 춤을 만들어보세요.
- 좋아하는 음악에 맞춰 부모님과 아이가 만들어낸 움직임을 연결해보고 '우리 가족만의 춤'을 만들어보세요.

★ 전문가의 한마디

'신체표현'에 자유로운 아이는 자기표현에도 자유롭습니다. 부모님이 일상에서 아이의 신체표현을 수용해주고 격려해줄 때 아이는 자기표현을 두려워하지 않습니다. 아이의 신체표현에 '산만하다', '정신없다'는 식의 부정적 꼬리표를 달지 마세요. 자신을 표현하는 신체에 대한 부정적인 경험은 아이를 위축되고 소심하게 만듭니다. 긍정적인 신체표현 경험을 나누기 위해 가족이 함께 춤을 추거나 움직이면서 즐거움과 친밀감을 느껴보세요.

★ 놀이효과

- 신체 몸 전체의 **#대근육**을 움직이는 활동을 통해 자기조절과 자기표현에 필요한 **#운동능력**을 키웁니다.
- 인지 자유롭고 자발적이며, 개성을 드러내는 신체표현을 통해 **#표현력**이 키워집니다.
- 사회성 강력한 신체표현 경험을 서로 나누는 과정에서 **#소통능력**이 키워집니다.

몸으로 따라해봐 ~

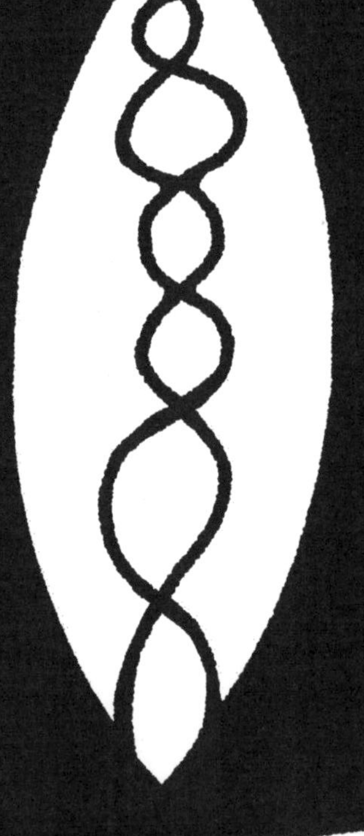

★ 놀이 후 간단 체크리스트!

완벽한 부모는 성장을 멈추지 않는 부모입니다. 부모님의 노력과 시도에 초점을 맞추세요.

☑ • **구조화하기**

☐ 정해진 시간에 놀이를 시작했나요?

☐ 정해진 공간에서 놀이했나요?

☐ 준비물은 미리 챙겼나요?

☐ 약속 판을 함께 읽어보았나요?

☑ • **공감하기**

☐ "00구나~" 어법을 사용하며 아이가 표현한 감정이나 행동을 이해해주었나요?

☐ 목소리 톤, 몸짓, 표정 등 아이의 비언어적인 표현을 따라 해보았나요?

☐ 아이의 감정, 욕구를 알아차렸나요?

☐ 아이의 놀이에 흥미와 관심을 적극적으로 표현했나요?

☑ • **따라가기**

☐ 아이 스스로 놀이하도록 했나요?

☐ 아이에게 놀이하는 법을 가르치거나 질문을 하지 않고 지켜봐주었나요?

☐ 아이가 요구하는 부모님의 역할에 적극 참여하였나요?

☐ 아이에게 완전하게 놀이의 주도권을 넘겨주었나요?

☑ • **공감적 제한하기**

☐ 아이의 감정을 먼저 알아차리고 대화를 시도했나요?

☐ 아이의 이름을 부르고 행동에 대한 부모님의 입장을 이야기해주었나요?

☐ 문제가 된 행동을 대신할 수 있는 대안적 행동을 제시해주었나요?

☐ 대안적 행동을 다시 알려주고 아이가 다음 행동을 선택할 수 있도록 기다려주었나요?

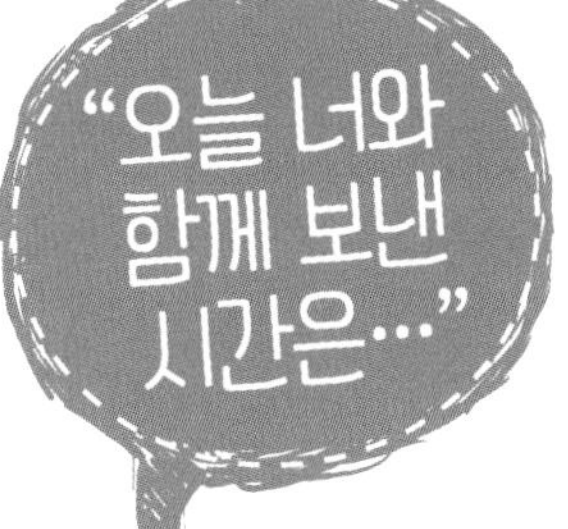

년 월 일 요일

12
너만의 별자리를 그려봐

★ 상상놀이

점과 점을 이어 별자리를 만들고 자유롭게 이야기해보는 놀이입니다. 상상력을 발휘해봅시다. 아이의 별자리 이야기에는 가상 세계와 현실 세상에 대한 아이의 이해와 감정이 담겨져 있습니다. 놀이를 통해 우리 아이의 마음을 이해해보세요.

Getting Ready! 준비물을 챙겨요

크레파스, 색연필 등 색칠도구

play start! 놀이 방법을 알아봐요

❶ **놀이를 시작하기 전에 아이의 상상력을 자극할 수 있도록 별자리에 관한 이야기를 들려주거나 동화책을 읽어주세요.**

❷ **밤하늘의 점들을 이어 별자리 모양으로 만들어보세요.**

❸ **엄마 별자리, 아빠 별자리, 아이 별자리를 만들어보세요.**

❹ **서로의 별자리 동화를 만들어보세요.**

 이렇게 놀면 더 신나요

- 점과 점 사이를 잇는 '땅따먹기' 게임을 해보세요. 순서를 정하고 차례대로 점과 점 사이를 선으로 이어 삼각형 모양을 만듭니다. 삼각형을 만들면 그 안에 자신이 원하는 표시를 합니다. 삼각형을 많이 차지한 사람이 이기는 게임입니다.
- 다양한 색의 색칠도구를 사용해서 별자리를 만들고 상상력을 발휘해보세요.
- 놀이 전에 읽어줄 만한 책으로 ≪별자리를 만들어 줄게≫, ≪멋쟁이 낸시의 별자리 여행≫을 추천합니다.

★ 전문가의 한마디

아이들의 '상상력'은 자기성장의 에너지원입니다. 아이들은 말하기 힘든 감정이나 논리적으로 이해할 수 없는 갈등들을 상상을 통해 표현합니다. 자신의 상상을 놀이로 구현하면서 현실에서 해결할 수 없는 문제들을 스스로 풀어갑니다. 그렇기 때문에 부모님이 아이들의 놀이를 이해하는 것은 아이들의 마음을 이해하는 것과 같습니다.

★ 놀이효과

- 신체 　선과 선을 잇고 다양한 모양을 만드는 과정에서 정교한 **#소근육_조절능력**을 키웁니다.
- 인지 　'별'이라는 매개체 자체로 아이의 **#상상력**을 자극합니다.
  자신이 만들어낸 결과물을 언어로 명료화해야 하기 때문에 **#언어능력**이 발달합니다.

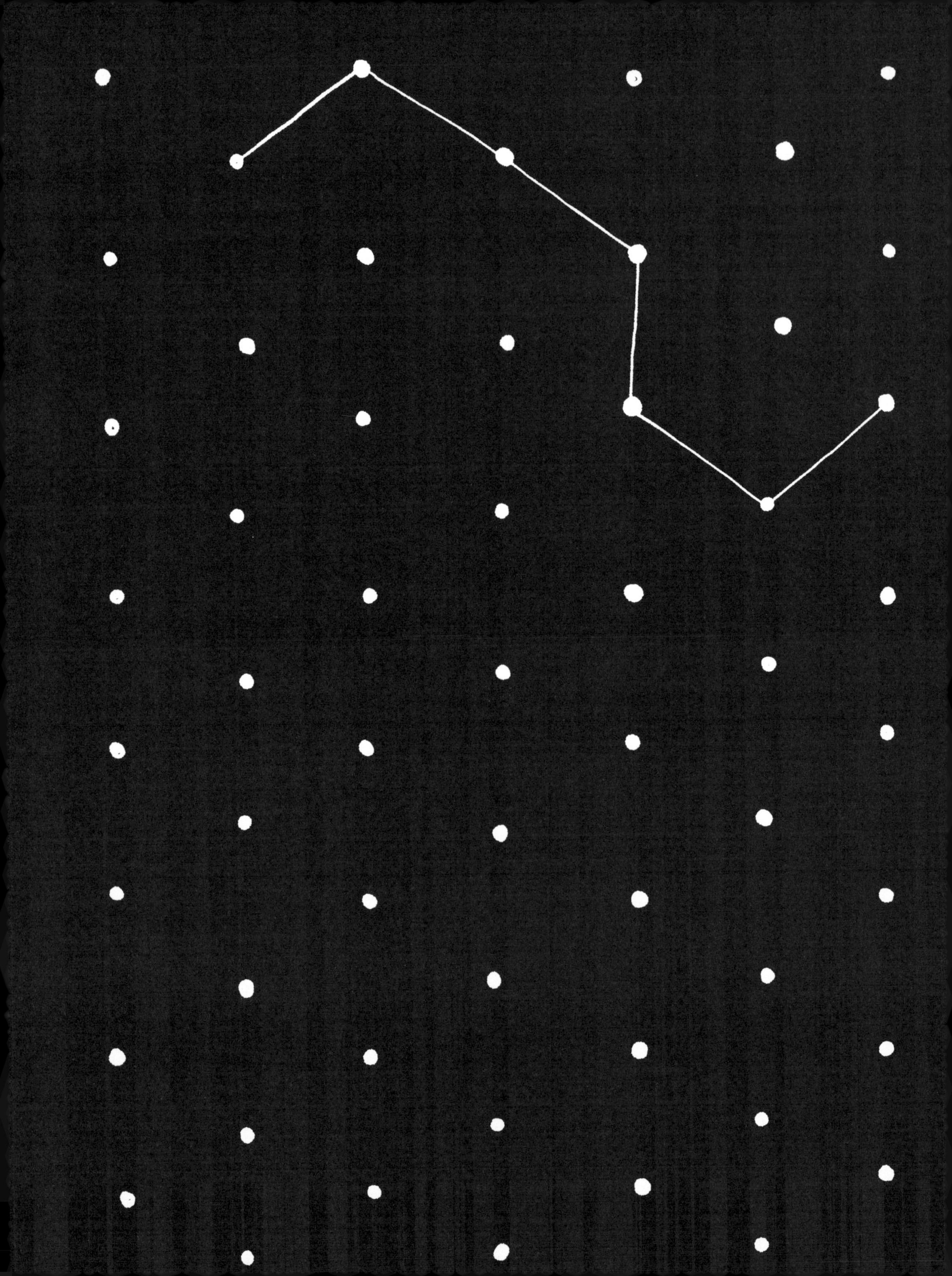

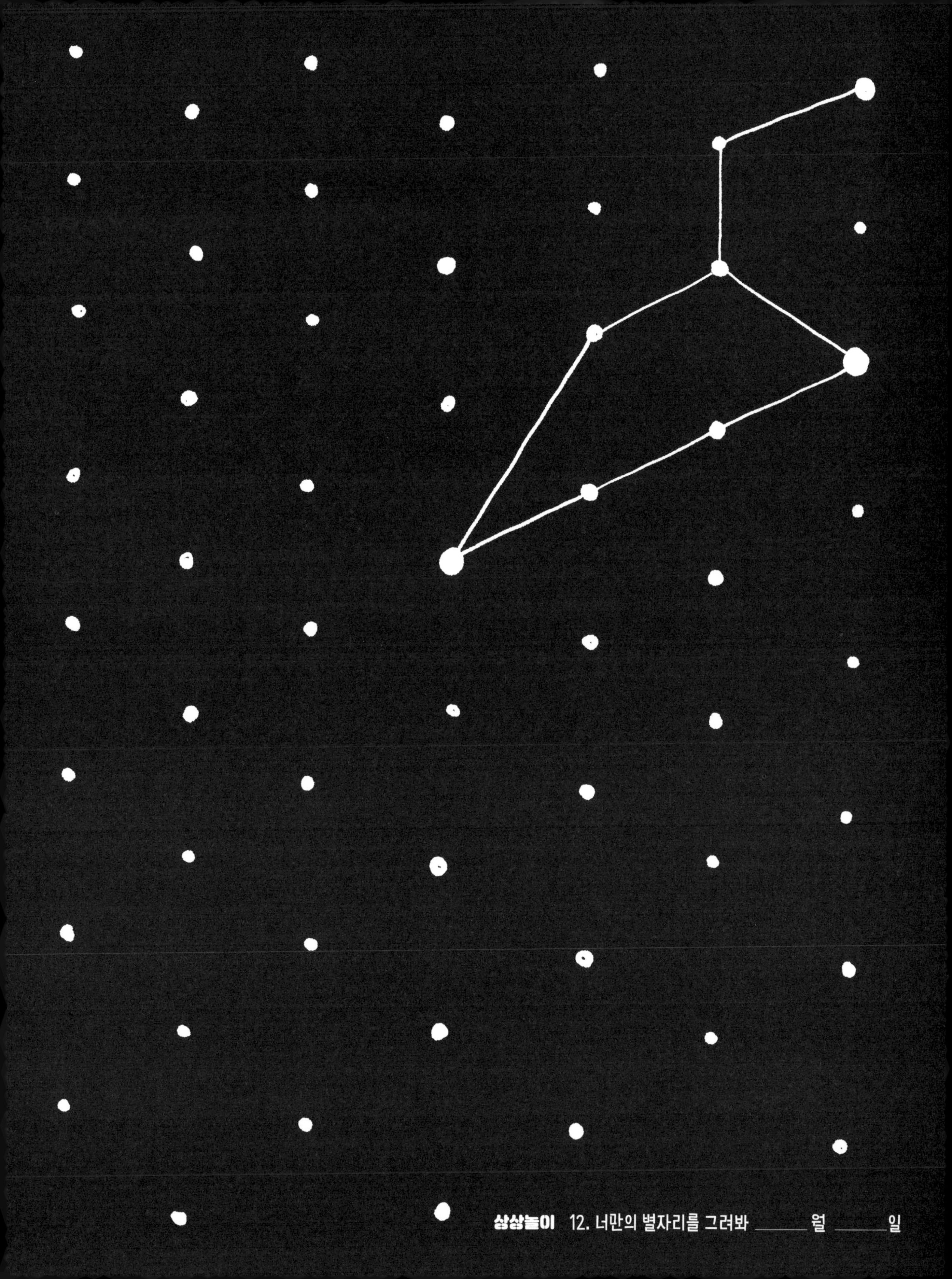
상상놀이 12. 너만의 별자리를 그려봐 ______ 월 ______ 일

★ 놀이 후 간단 체크리스트!

완벽한 부모는 성장을 멈추지 않는 부모입니다. 부모님의 노력과 시도에 초점을 맞추세요.

☑ • 구조화하기

☐ 정해진 시간에 놀이를 시작했나요?

☐ 정해진 공간에서 놀이했나요?

☐ 준비물은 미리 챙겼나요?

☐ 약속 판을 함께 읽어보았나요?

☑ • 공감하기

☐ "00구나~" 어법을 사용하며 아이가 표현한 감정이나 행동을 이해해주었나요?

☐ 목소리 톤, 몸짓, 표정 등 아이의 비언어적인 표현을 따라 해보았나요?

☐ 아이의 감정, 욕구를 알아차렸나요?

☐ 아이의 놀이에 흥미와 관심을 적극적으로 표현했나요?

☑ • 따라가기

☐ 아이 스스로 놀이하도록 했나요?

☐ 아이에게 놀이하는 법을 가르치거나 질문을 하지 않고 지켜봐주었나요?

☐ 아이가 요구하는 부모님의 역할에 적극 참여하였나요?

☐ 아이에게 완전하게 놀이의 주도권을 넘겨주었나요?

☑ • 공감적 제한하기

☐ 아이의 감정을 먼저 알아차리고 대화를 시도했나요?

☐ 아이의 이름을 부르고 행동에 대한 부모님의 입장을 이야기해주었나요?

☐ 문제가 된 행동을 대신할 수 있는 대안적 행동을 제시해주었나요?

☐ 대안적 행동을 다시 알려주고 아이가 다음 행동을 선택할 수 있도록 기다려주었나요?

년 월 일 요일

13
한방에 날리는 스트레스

★ 상상놀이

다트게임을 이용하여 우리 아이의 스트레스와 마음속 갈등을 언어적, 비언어적으로 표현하게끔 하고 놀이를 통해 해소하도록 합니다.

Getting Ready! 준비물을 챙겨요

크레파스, 색연필 등 색칠도구, 색 테이프, A4용지 1~2장

play start! 놀이 방법을 알아봐요

❶ 아이와 싫어하거나 무서워하는 것들, 화가 나는 상황에 대해서 자연스럽게 이야기합니다.

❷ 이야기를 통해 알게 된 아이의 분노, 두려움들을 그림 속 쓰레기통에 글로 적거나 그림으로 그려봅니다.

❸ 아이와 함께 꾸민 다트 판을 오려서 안전한 공간에 붙입니다.

❹ 아이가 스스로 싫어하거나 미워하는 것들을 물리칠 수 있도록 돕는 물건들을 준비해둔 종이에 적도록 합니다.

❺ 종이를 공처럼 뭉쳐 테이프로 단단히 붙여줍니다.

❻ 부모님과 아이가 함께 만든 종이 공을 다트 판에 던져봅니다.

 이렇게 놀면 더 신나요

- 다트 판에 공을 던지며 나만의 기합이나 구호를 외쳐보세요.
- 다트 판에 위치별로 점수를 적고 누가 더 잘 맞추는지 게임해보세요.
- 아이가 공을 다트 판에 맞췄을 때 "우와, 힘이 정말 세구나!", "대단해!" 하고 적극적으로 반응해주세요.

★ 전문가의 한마디

우리 아이의 '분노와 공격성'을 존중해주세요. 모든 감정 자체는 소중합니다. 아이에게 분노와 공격성이 없다면 스스로를 지키면서 살아갈 수 없습니다. 자기주장을 하거나 목표를 이루고 성취하는 에너지도 발휘할 수 없습니다. 무조건 참도록 하지 말고 놀이를 통해 건강하게 표출할 수 있도록 도와주세요. 분노와 공격성을 놀이로 전환시키는 경험은 스스로의 감정과 행동을 조절할 수 있는 능력을 높여줍니다.

★ 놀이효과

- 신체 　종이 공으로 다트 판을 맞추는 움직임은 자연스럽게 ***#신체조절능력***을 키워줍니다.
- 정서 　아이는 ***#안전하게_분노를_표출***하는 방법에 대해 알게 됩니다.
- 인지 　다트 판을 맞추기 위한 에너지 조절과 목표물 조준은 ***#집중력***을 키워줍니다.
- 사회성 　놀이를 통해 아이는 자신의 부정적 감정을 알아차립니다. 자신의 감정을 인식하는 것은 ***#공감능력***의 기초가 됩니다.

★ 놀이 후 간단 체크리스트!

완벽한 부모는 성장을 멈추지 않는 부모입니다. 부모님의 노력과 시도에 초점을 맞추세요.

☑ • 구조화하기

☐ 정해진 시간에 놀이를 시작했나요?

☐ 정해진 공간에서 놀이했나요?

☐ 준비물은 미리 챙겼나요?

☐ 약속 판을 함께 읽어보았나요?

☑ • 공감하기

☐ "00구나~" 어법을 사용하며 아이가 표현한 감정이나 행동을 이해해주었나요?

☐ 목소리 톤, 몸짓, 표정 등 아이의 비언어적인 표현을 따라 해보았나요?

☐ 아이의 감정, 욕구를 알아차렸나요?

☐ 아이의 놀이에 흥미와 관심을 적극적으로 표현했나요?

☑ • 따라가기

☐ 아이 스스로 놀이하도록 했나요?

☐ 아이에게 놀이하는 법을 가르치거나 질문을 하지 않고 지켜봐주었나요?

☐ 아이가 요구하는 부모님의 역할에 적극 참여하였나요?

☐ 아이에게 완전하게 놀이의 주도권을 넘겨주었나요?

☑ • 공감적 제한하기

☐ 아이의 감정을 먼저 알아차리고 대화를 시도했나요?

☐ 아이의 이름을 부르고 행동에 대한 부모님의 입장을 이야기해주었나요?

☐ 문제가 된 행동을 대신할 수 있는 대안적 행동을 제시해주었나요?

☐ 대안적 행동을 다시 알려주고 아이가 다음 행동을 선택할 수 있도록 기다려주었나요?

년 월 일 요일

14

나만의 영웅 만들기

★ 상상놀이

아이가 만들어낸 영웅의 이미지는 힘에 대한 잠재된 욕구의 표현입니다. 영웅 만들기 놀이를 통해 아이는 자신의 유능감을 확인할 수 있고 부모님은 아이 내면의 욕구를 이해할 수 있습니다.

Getting Ready! 준비물을 챙겨요

크레파스, 색연필 등 색칠도구, 가위

play start! 놀이 방법을 알아봐요

❶ 아이가 좋아하는 영웅에 대해 이야기해보세요. 영화, 애니메이션, 책… 어디에 나오는 영웅이든 상관없어요.

❷ 아이만의 영웅을 꾸며볼 수 있게 해주세요.

❸ 영웅에게 아이가 원하는 능력을 만들어주세요. 죽지 않는 능력, 우주까지 날아갈 수 있는 능력 등 종류는 아주 많습니다.

❹ 아이인 영웅이 물리쳐야 하는 나쁜 것들에 대해 이야기해보세요. 도둑잡기, 나쁜 사람 응징하기, 미세먼지 없애기, 충치 없애기 등 다양한 주제로 이야기를 나누세요.

 이렇게 놀면 더 신나요

- 아이는 영웅, 부모님은 악당이 되어 역할놀이를 해보세요.
- 아이와 이야기하며 아이가 일상 속에서 겪고 있는 갈등을 유추해보세요.
- 영웅이 가진 능력들을 통해 아이가 원하는 능력을 마음껏 표현하도록 해주세요.

★ 전문가의 한마디

'통제적 부모'는 아이의 행동을 과잉통제하는 성향이 높은 양육태도를 갖습니다. 과잉통제를 받은 아이는 내면의 힘을 잃어버리게 됩니다. '과잉보호하는 부모님'의 아이들 역시 스스로 뭔가를 해내는 경험을 해볼 기회가 없습니다. 지나친 통제, 지나친 보호 모두 아이의 유능감에 부정적인 영향을 미칩니다. '자기 유능감'은 부모님의 신뢰를 바탕으로 아이 스스로가 뭔가를 해낼 수 있다고 생각하며 키워가는 마음입니다.

★ 놀이효과

- 정서 아이는 영웅의 능력에 자신의 내적인 힘을 투사합니다. 이로써 아이들은 ***#자기_유능감***을 키울 수 있습니다.
- 인지 자신만의 독특한 영웅을 만들어내는 과정은 아이의 ***#창의력***을 자극합니다.
- 사회성 영웅 역할놀이를 하면서 자기주도성을 습득하고 이는 ***#리더십*** 형성의 기초가 됩니다.

나의
파워

★ 놀이 후 간단 체크리스트!

완벽한 부모는 성장을 멈추지 않는 부모입니다. 부모님의 노력과 시도에 초점을 맞추세요.

☑ • 구조화하기

- ☐ 정해진 시간에 놀이를 시작했나요?
- ☐ 정해진 공간에서 놀이했나요?
- ☐ 준비물은 미리 챙겼나요?
- ☐ 약속 판을 함께 읽어보았나요?

☑ • 공감하기

- ☐ "00구나~" 어법을 사용하며 아이가 표현한 감정이나 행동을 이해해주었나요?
- ☐ 목소리 톤, 몸짓, 표정 등 아이의 비언어적인 표현을 따라 해보았나요?
- ☐ 아이의 감정, 욕구를 알아차렸나요?
- ☐ 아이의 놀이에 흥미와 관심을 적극적으로 표현했나요?

☑ • 따라가기

- ☐ 아이 스스로 놀이하도록 했나요?
- ☐ 아이에게 놀이하는 법을 가르치거나 질문을 하지 않고 지켜봐주었나요?
- ☐ 아이가 요구하는 부모님의 역할에 적극 참여하였나요?
- ☐ 아이에게 완전하게 놀이의 주도권을 넘겨주었나요?

☑ • 공감적 제한하기

- ☐ 아이의 감정을 먼저 알아차리고 대화를 시도했나요?
- ☐ 아이의 이름을 부르고 행동에 대한 부모님의 입장을 이야기해주었나요?
- ☐ 문제가 된 행동을 대신할 수 있는 대안적 행동을 제시해주었나요?
- ☐ 대안적 행동을 다시 알려주고 아이가 다음 행동을 선택할 수 있도록 기다려주었나요?

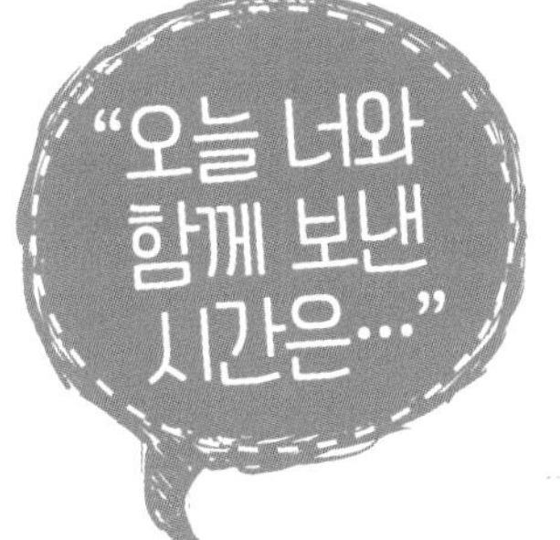

년 월 일 요일

15
나야 나, 슈퍼스타

★ 상상놀이

TV 속 나를 꾸미면서 주인공이 되어보는 상상놀이입니다. TV 속 주인공은 주목받고 싶은 아이의 욕구를 간접적으로 표현할 수 있는 상징입니다.

Getting Ready! 준비물을 챙겨요

크레파스, 색연필 등 색칠도구, 아이 사진, 잡지, 가위, 풀

play start! 놀이 방법을 알아봐요

1. **"텔레비전에 내가 나왔으면~" 노래나 그림책을 이용해서 아이의 상상력을 자극해주세요.**
2. **아이 사진을 TV 그림 안에 붙여주세요.**
3. **잡지 안에서 필요한 글귀나 사진을 오려 아이의 사진을 TV 속 주인공처럼 꾸며주세요.**

tip! 이렇게 놀면 더 신나요

- 아이가 받고 싶은 관심이 무엇인지 단어로 적어보세요. 칭찬, 인정, 관심, 사랑··· 무엇이든 가능합니다.
- 아이가 자신의 판타지를 마음껏 표현할 수 있도록 도와주세요.
- 아이의 욕구를 이해하고 놀이로 표현될 수 있도록 이끌어주세요. 어떻게 꾸밀지 아이디어 나누기, 감탄사나 박수 같은 비언어적 표현 많이 사용하기, 엄마의 어릴 적 꿈 이야기 해주면서 모델링하기 등을 활용합니다.
- 옷이나 장신구를 이용한 변장을 해보며 역할놀이로 확장시켜주세요.

★ 전문가의 한마디

'관심추구'는 생존을 위해 필요한 욕구입니다. 만약 아이가 엄마의 관심을 받지 못한다면 기본적인 돌봄을 받지 못하게 되고 결국 살아남을 수 없을 것입니다. 관심추구는 아이가 성장하면서 점점 감소하게 됩니다. 그러나 간혹 성장과정에서 아이가 관심추구 행동을 과하게 보일 때가 있습니다. 고집을 부리거나 떼를 쓰면서 울기도 하고 일부러 보란 듯이 물건을 던지기도 합니다. 이런 아이의 관심 끌기 행동은 문제행동이 아닙니다. 사랑, 관심, 인정에 대해 요구하는 행동입니다.

★ 놀이효과

- 신체 자신을 꾸미고 누군가에게 보여주는 경험은 ***#긍정적인_신체상***을 갖게 하여 자기 몸에 대한 소중함을 알게 해주고 자신감을 키워줍니다.
- 정서 아이들은 놀이 안에서 충분히 관심받고 인정받는 경험을 하며 ***#긍정적인_관심을_추구***하게 됩니다.
- 인지 다양한 대상의 특징을 흉내 내는 ***#역할재연***을 통해 아이들은 다양한 역할을 경험합니다.
- 사회성 부모님과 아이는 놀이를 통해 서로 지지하고 격려하는 ***#긍정적_상호관계***를 만들어갑니다.

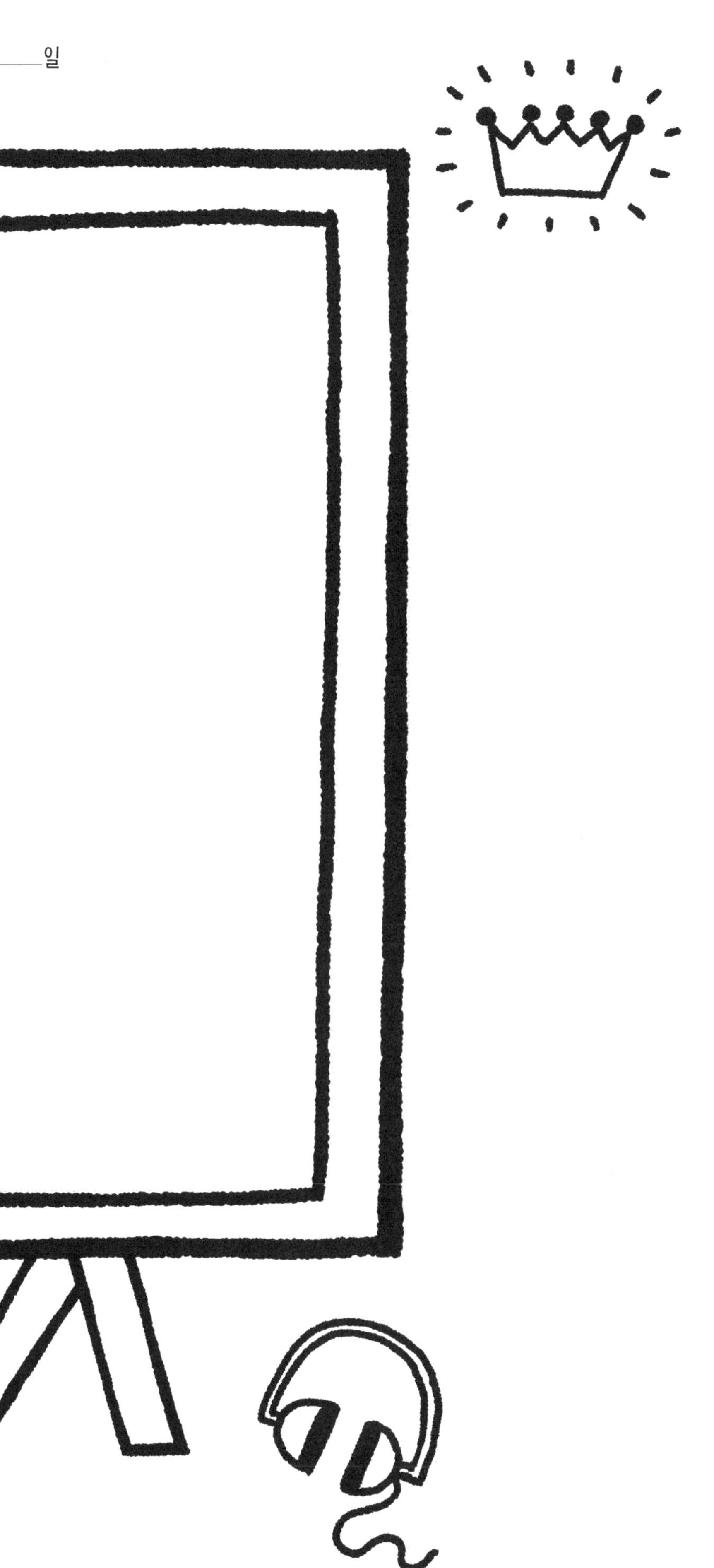

★ 놀이 후 간단 체크리스트!

완벽한 부모는 성장을 멈추지 않는 부모입니다. 부모님의 노력과 시도에 초점을 맞추세요.

☑ • 구조화하기

☐ 정해진 시간에 놀이를 시작했나요?

☐ 정해진 공간에서 놀이했나요?

☐ 준비물은 미리 챙겼나요?

☐ 약속 판을 함께 읽어보았나요?

☑ • 공감하기

☐ "00구나~" 어법을 사용하며 아이가 표현한 감정이나 행동을 이해해주었나요?

☐ 목소리 톤, 몸짓, 표정 등 아이의 비언어적인 표현을 따라 해보았나요?

☐ 아이의 감정, 욕구를 알아차렸나요?

☐ 아이의 놀이에 흥미와 관심을 적극적으로 표현했나요?

☑ • 따라가기

☐ 아이 스스로 놀이하도록 했나요?

☐ 아이에게 놀이하는 법을 가르치거나 질문을 하지 않고 지켜봐주었나요?

☐ 아이가 요구하는 부모님의 역할에 적극 참여하였나요?

☐ 아이에게 완전하게 놀이의 주도권을 넘겨주었나요?

☑ • 공감적 제한하기

☐ 아이의 감정을 먼저 알아차리고 대화를 시도했나요?

☐ 아이의 이름을 부르고 행동에 대한 부모님의 입장을 이야기해주었나요?

☐ 문제가 된 행동을 대신할 수 있는 대안적 행동을 제시해주었나요?

☐ 대안적 행동을 다시 알려주고 아이가 다음 행동을 선택할 수 있도록 기다려주었나요?

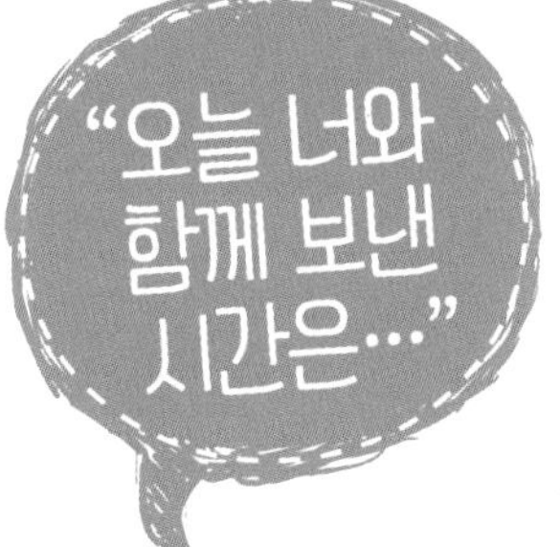

년 월 일 요일

16
내 마음대로 이야기 만들기

★ 상상놀이

끝말잇기를 하는 것처럼 그림카드를 이용해 이야기를 만드는 놀이입니다. 이상하고 엉뚱한 이야기라도 좋습니다. 자유롭게 만들어낸 아이의 이야기 속에는 아이의 무의식이 담겨져 있습니다.

Getting Ready! 준비물을 챙겨요

크레파스, 색연필 등 색칠도구, 가위, 풀, 그림카드

play start! 놀이 방법을 알아봐요

1. 10장의 카드를 오려서 앞에 펼쳐놓습니다.
2. 아이와 10장의 카드를 하나씩 살펴봅니다.
3. 아이가 먼저 10장의 카드 중 1장의 카드를 뽑도록 합니다.
4. 아이가 뽑은 카드그림을 보고 이야기를 만들 수 있도록 도와주세요.
5. 부모님도 카드 1장을 뽑아서 이야기를 이어나가주세요.
6. 10장의 카드를 이용해 하나의 이야기를 만들어봅니다.

 이렇게 놀면 더 신나요

- 아이가 카드를 보고 즉각적으로 연상한 이미지를 이용하여 자유롭게 이야기를 만들 수 있도록 격려해주세요.
- 이야기 만들기를 어려워하면 부모님이 먼저 카드를 뽑아 이야기를 시작해주세요.

★ 전문가의 한마디

이야기의 진짜 힘은 '문제해결'에 있습니다. 아이는 이야기 만들기 놀이를 통해 상상 속 세상과 현실 속 세상을 이어갑니다. 아이는 이야기 안에서 등장인물, 사건, 배경 등을 자유롭게 창조하며 현실에서 겪는 문제를 지혜롭게 해결하는 연습을 합니다.

★ 놀이효과

- 정서 자발적으로 만든 이야기 속에서 상황을 수습하며 *#자기효능감*을 키웁니다.
- 인지 추상적 사고를 언어화하면서 *#논리적_사고력*을 키웁니다.
- 사회성 이야기를 주고받으며 부모님과 아이가 *#정서적으로_교감*할 수 있습니다.

★ 놀이 후 간단 체크리스트!

완벽한 부모는 성장을 멈추지 않는 부모입니다. 부모님의 노력과 시도에 초점을 맞추세요.

☑ • 구조화하기

- ☐ 정해진 시간에 놀이를 시작했나요?
- ☐ 정해진 공간에서 놀이했나요?
- ☐ 준비물은 미리 챙겼나요?
- ☐ 약속 판을 함께 읽어보았나요?

☑ • 공감하기

- ☐ "00구나~" 어법을 사용하며 아이가 표현한 감정이나 행동을 이해해주었나요?
- ☐ 목소리 톤, 몸짓, 표정 등 아이의 비언어적인 표현을 따라 해보았나요?
- ☐ 아이의 감정, 욕구를 알아차렸나요?
- ☐ 아이의 놀이에 흥미와 관심을 적극적으로 표현했나요?

☑ • 따라가기

- ☐ 아이 스스로 놀이하도록 했나요?
- ☐ 아이에게 놀이하는 법을 가르치거나 질문을 하지 않고 지켜봐주었나요?
- ☐ 아이가 요구하는 부모님의 역할에 적극 참여하였나요?
- ☐ 아이에게 완전하게 놀이의 주도권을 넘겨주었나요?

☑ • 공감적 제한하기

- ☐ 아이의 감정을 먼저 알아차리고 대화를 시도했나요?
- ☐ 아이의 이름을 부르고 행동에 대한 부모님의 입장을 이야기해주었나요?
- ☐ 문제가 된 행동을 대신할 수 있는 대안적 행동을 제시해주었나요?
- ☐ 대안적 행동을 다시 알려주고 아이가 다음 행동을 선택할 수 있도록 기다려주었나요?

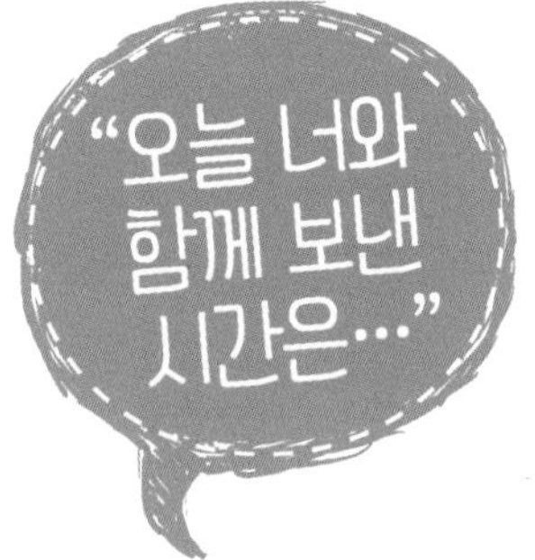

년 월 일 요일

17 나쁜 꿈 저리가!

★ 상상놀이

잠자는 시간은 아이에게 휴식 시간이 될 수도 있지만 막연한 두려움을 느끼는 시간이 될 수도 있습니다. 그래서 아이들은 부모님과 떨어져 혼자 자는 것을 무서워하거나 보채기도 하지요. 놀이는 아이의 상상력을 자극하고 안정감을 갖도록 도와줍니다.

Getting Ready! 준비물을 챙겨요

크레파스, 색연필 등 색칠도구, 이쑤시개나 동전

play start! 놀이 방법을 알아봐요

1. 오늘 놀이에서 '밤의 나라' 또는 '꿈의 나라'를 만들 거라고 설명해주세요.
2. 아이와 도안을 다양한 색으로 칠해보세요.
3. 다 꾸민 후 그 위를 검은색 크레파스로 덧칠하세요.
4. 아이가 검은색에 거부 반응을 보일 때는 밤하늘, 꿈나라, 우주처럼 검은색을 긍정적으로 연상하게끔 해서 놀이를 더 풍성하게 만들어보세요.
5. 덧칠한 곳을 부모님이 먼저 이쑤시개나 동전으로 긁어내어 색이 드러나도록 해주세요.
6. 아이가 이쑤시개나 동전을 사용하여 그 위에 마음껏 그림을 그릴 수 있도록 해주세요.

 이렇게 놀면 더 신나요

- 검은색을 칠하는 이유에 대해 다양하게 설명해주고 동기부여를 해줄 수 있어요. "알록달록 그림이 졸린 가봐. 알록달록 친구들이 잘 잘 수 있게 어두운 색을 칠해줄까?"
- 아이의 상상력과 창의력을 이끌어내기 위해서 옛날이야기를 해주거나 꿈, 밤을 주제로 한 그림책을 사용해도 좋습니다.
- 아이가 편안하게 잠들 수 있도록 돕는 부모님과 아이만의 방법을 만들어보세요.

★ 전문가의 한마디

아이들의 두려움은 자신의 생각과 행동이 특별한 일을 일으키거나 막을 수 있다고 생각하는 '마술적 사고'에서 기인합니다. 이는 만 2~7세의 아동기에 나타나는 정상적인 현상입니다. 이 시기의 아이들은 상상의 세계와 현실의 세계를 넘나들면서 성장합니다. 성장과정으로서의 마술적 사고를 논리적으로 이해하고 해결하려는 부모님의 노력은 아이를 더 불안하게 만들 뿐입니다. 만약 아이가 두려워한다면 부모님의 마음으로 공감하고 아이가 두려움을 스스로 다룰 수 있도록 하는 방법들을 함께 고민해야 합니다.

★ 놀이효과

- 정서 놀이를 통해 두려움을 스스로 다스려본 아이는 정서적으로 ***#안정감*** 있는 아이가 됩니다.
- 사회성 자신의 두려움을 함께 해결해주는 부모님에게 ***#신뢰감***을 갖고, 안정된 관계형성을 경험할 수 있습니다.

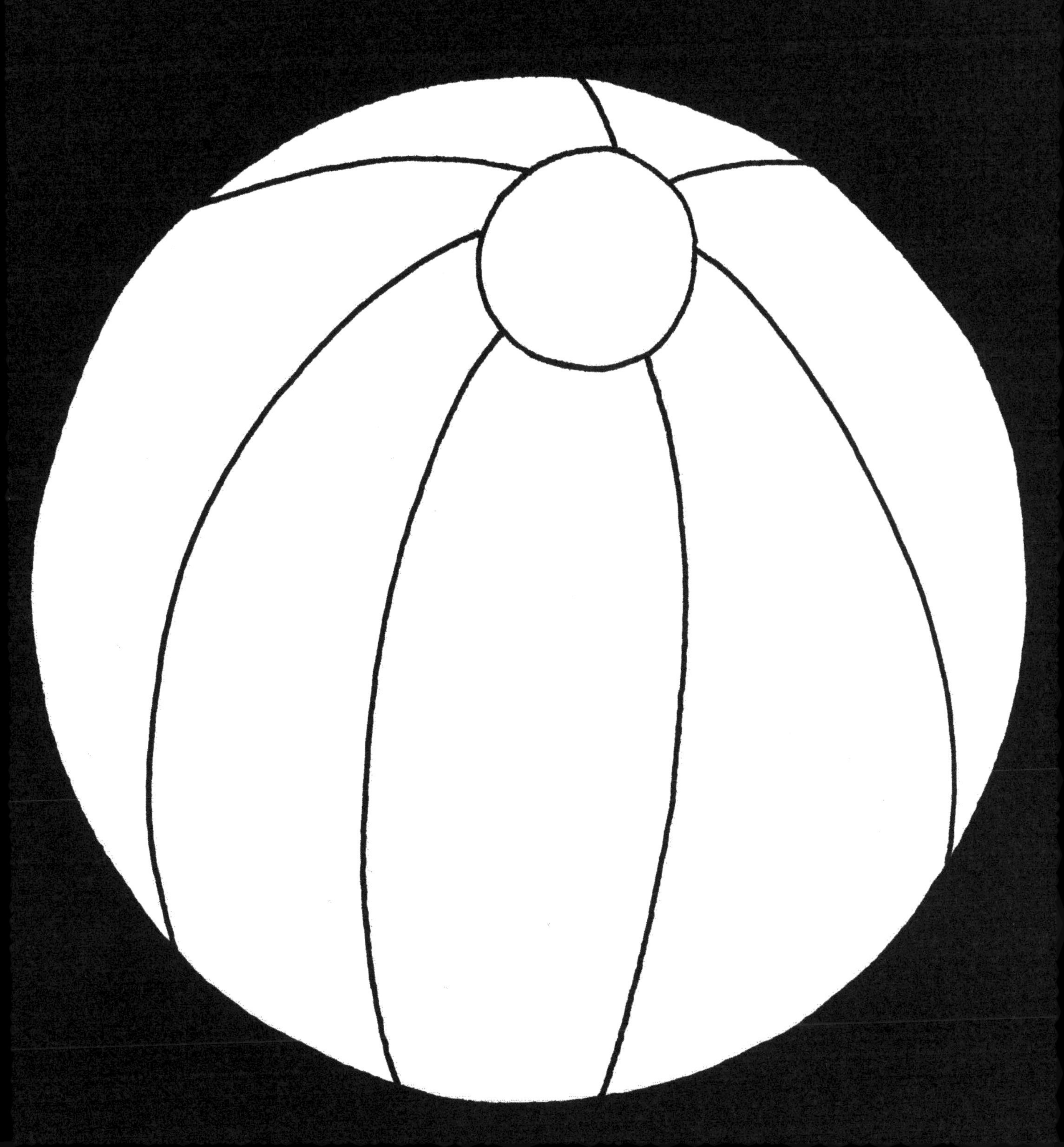

★ 놀이 후 간단 체크리스트!

완벽한 부모는 성장을 멈추지 않는 부모입니다. 부모님의 노력과 시도에 초점을 맞추세요.

☑ • 구조화하기

☐ 정해진 시간에 놀이를 시작했나요?

☐ 정해진 공간에서 놀이했나요?

☐ 준비물은 미리 챙겼나요?

☐ 약속 판을 함께 읽어보았나요?

☑ • 공감하기

☐ "00구나~" 어법을 사용하며 아이가 표현한 감정이나 행동을 이해해주었나요?

☐ 목소리 톤, 몸짓, 표정 등 아이의 비언어적인 표현을 따라 해보았나요?

☐ 아이의 감정, 욕구를 알아차렸나요?

☐ 아이의 놀이에 흥미와 관심을 적극적으로 표현했나요?

☑ • 따라가기

☐ 아이 스스로 놀이하도록 했나요?

☐ 아이에게 놀이하는 법을 가르치거나 질문을 하지 않고 지켜봐주었나요?

☐ 아이가 요구하는 부모님의 역할에 적극 참여하였나요?

☐ 아이에게 완전하게 놀이의 주도권을 넘겨주었나요?

☑ • 공감적 제한하기

☐ 아이의 감정을 먼저 알아차리고 대화를 시도했나요?

☐ 아이의 이름을 부르고 행동에 대한 부모님의 입장을 이야기해주었나요?

☐ 문제가 된 행동을 대신할 수 있는 대안적 행동을 제시해주었나요?

☐ 대안적 행동을 다시 알려주고 아이가 다음 행동을 선택할 수 있도록 기다려주었나요?

년 월 일 요일

18

나를 따라 해봐요1

★ 협동놀이

거울놀이는 '공감언어'입니다. 서로의 움직임을 관찰하고, 흉내 내고, 속도를 맞추어가는 과정에서 부모님과 아이는 움직임의 톤과 감정까지 나누는 소통을 하게 됩니다. 아이가 그리는 선의 질감, 필압, 속도를 모방하면서 느껴지는 기분이나 감정을 떠올려보세요. 조율을 통한 공감기술을 연습하는 데 도움이 됩니다.

Getting Ready! 준비물을 챙겨요

크레파스, 색연필 등 색칠도구

play start! 놀이 방법을 알아봐요

1. **그려진 패턴을 따라 목표지점에 동시에 도착할 수 있도록 손가락으로 먼저 연습해봅니다.**
2. **손가락 연습을 하며 동시에 움직이는 것이 익숙해지면 원하는 색연필이나 크레파스를 정해서 선을 그리며 목표지점을 향해 함께 움직입니다.**

 이렇게 놀면 더 신나요

- 속도에 변화를 주거나, 색연필의 색깔을 다르게 한 후 반복할 수 있어요.
- 경쟁하는 게임이 아니라 함께하는 게임이라는 것을 반복해서 알려주세요.

★ 전문가의 한마디

거울놀이는 초기에 부모님과 아이가 사용하는 상호작용 방법입니다. 아이가 울면 엄마의 얼굴도 찡그려지고 엄마가 웃으면 아이도 웃습니다. 서로가 거울처럼 한 쌍을 이루며 공생관계를 맺는데 이는 **'초기애착관계'**를 형성하는 데 필수적입니다. 이처럼 거울놀이는 서로가 하나 되는 공생관계를 놀이로 다시 경험하게 해줍니다. 부모님과 아이는 서로의 움직임을 모방하며 감정을 공유하고 공감도를 높이거나 친밀감을 강화합니다.

★ 놀이효과

- 정서　서로의 움직임을 통해 동시성을 경험하면서 ***#안정애착***을 형성합니다.
- 인지　미로 안에서 자유롭게 선을 그리는 활동을 통해 ***#공간개념***을 학습합니다.
- 사회성　함께 움직이며 하나가 되는 경험은 타인의 감정과 의도를 이해하는 ***#공감능력***을 강화합니다.

출발

출발

★ 놀이 후 간단 체크리스트!

완벽한 부모는 성장을 멈추지 않는 부모입니다. 부모님의 노력과 시도에 초점을 맞추세요.

☑ • 구조화하기

☐ 정해진 시간에 놀이를 시작했나요?

☐ 정해진 공간에서 놀이했나요?

☐ 준비물은 미리 챙겼나요?

☐ 약속 판을 함께 읽어보았나요?

☑ • 공감하기

☐ "00구나~" 어법을 사용하며 아이가 표현한 감정이나 행동을 이해해주었나요?

☐ 목소리 톤, 몸짓, 표정 등 아이의 비언어적인 표현을 따라 해보았나요?

☐ 아이의 감정, 욕구를 알아차렸나요?

☐ 아이의 놀이에 흥미와 관심을 적극적으로 표현했나요?

☑ • 따라가기

☐ 아이 스스로 놀이하도록 했나요?

☐ 아이에게 놀이하는 법을 가르치거나 질문을 하지 않고 지켜봐주었나요?

☐ 아이가 요구하는 부모님의 역할에 적극 참여하였나요?

☐ 아이에게 완전하게 놀이의 주도권을 넘겨주었나요?

☑ • 공감적 제한하기

☐ 아이의 감정을 먼저 알아차리고 대화를 시도했나요?

☐ 아이의 이름을 부르고 행동에 대한 부모님의 입장을 이야기해주었나요?

☐ 문제가 된 행동을 대신할 수 있는 대안적 행동을 제시해주었나요?

☐ 대안적 행동을 다시 알려주고 아이가 다음 행동을 선택할 수 있도록 기다려주었나요?

년 월 일 요일

19

나를 따라 해봐요2

★ 협동놀이

아이의 주도성과 자율성을 높여주기 위해 아이가 자발적으로 손과 팔을 움직이면서 선을 그리도록 격려해주세요. 부모님도 손과 팔을 움직이며 아이의 거울처럼 선을 그려보세요. 즉흥적으로 그려지는 아이의 선을 똑같이 따라 그리기 위해서는 아이의 의도를 이해하고 움직임에 집중해야 합니다.

Getting Ready! 준비물을 챙겨요

크레파스, 색연필 등 색칠도구

play start! 놀이 방법을 알아봐요

1. 아이가 자유롭게 선을 그리도록 격려해주세요.
2. 아이가 선을 그리기를 시작할 때 "시작!" 또는 "출발!"이라고 말하게 해주세요.
3. 아이의 신호에 맞추어 부모님도 아이의 그림을 따라 그립니다.
4. 아이가 그린 선을 정확하게 따라 그리는 것보다 동시에 그리는 것이 더 중요해요.
5. 엄마가 따라 그리지 못하도록 아이가 장난치는 행동을 할 수 있어요. 허용해주고 기꺼이 술래가 되어주세요.
6. 다양한 패턴의 선이 가득 채워질 때까지 놀이를 계속해주세요.

 이렇게 놀면 더 신나요

- 아이가 자유롭게 그릴 수 있도록 기다려주고, 선을 다양한 방법으로 표현해주세요."뱅글뱅글 돌아서, 기차처럼 앞으로, 비행기처럼 둥글게, 개구리처럼 폴짝!"
- 술래를 바꾸어가면서 반복해주세요.
- 좋아하는 음악의 리듬에 맞추어 선을 그려볼 수도 있어요.

★ 전문가의 한마디

'자기주도성'의 습득은 만 3~6세 아동에게 중요한 심리사회발달요소입니다. 심리학자 에릭슨은 이 시기에 아동의 발달과업을 '자기주도성 대 죄책감'이라 명명했습니다. 자기주도성 습득을 위해 아동은 자율성을 발휘하며, 세상을 탐색하고 부모자녀 관계 안에서도 주도성을 갖기 위해 힘겨루기를 시도합니다. 자기주도성을 긍정적으로 경험하고 격려 받은 아이는 호기심과 리더십을 발휘하기 위한 도전을 합니다. 반면에 부모의 지나친 통제나 비난으로 자기주도성 습득을 방해받은 아이는 자신의 행동에 과도한 죄책감을 느끼며 위축되거나 다른 사람을 비난하는 공격성을 가지게 됩니다.

★ 놀이효과

- 정서 서로의 움직임을 통해 동시성을 경험하면서 ***#안정애착***을 형성합니다. 부모님이 아이의 선을 따라 그리는 과정에서 ***#건강한_경쟁심***을 경험할 수 있습니다.
- 사회성 속도, 패턴, 필압 등을 맞춰가는 게임을 통해 ***#상호관계의_속성을_학습***합니다.

엄마출발!

도착

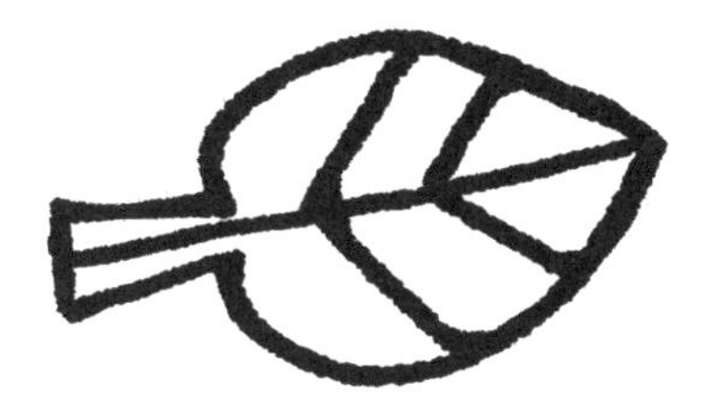

아이 출발!

★ 놀이 후 간단 체크리스트!

완벽한 부모는 성장을 멈추지 않는 부모입니다. 부모님의 노력과 시도에 초점을 맞추세요.

☑ • 구조화하기

☐ 정해진 시간에 놀이를 시작했나요?

☐ 정해진 공간에서 놀이했나요?

☐ 준비물은 미리 챙겼나요?

☐ 약속 판을 함께 읽어보았나요?

☑ • 공감하기

☐ "00구나~" 어법을 사용하며 아이가 표현한 감정이나 행동을 이해해주었나요?

☐ 목소리 톤, 몸짓, 표정 등 아이의 비언어적인 표현을 따라 해보았나요?

☐ 아이의 감정, 욕구를 알아차렸나요?

☐ 아이의 놀이에 흥미와 관심을 적극적으로 표현했나요?

☑ • 따라가기

☐ 아이 스스로 놀이하도록 했나요?

☐ 아이에게 놀이하는 법을 가르치거나 질문을 하지 않고 지켜봐주었나요?

☐ 아이가 요구하는 부모님의 역할에 적극 참여하였나요?

☐ 아이에게 완전하게 놀이의 주도권을 넘겨주었나요?

☑ • 공감적 제한하기

☐ 아이의 감정을 먼저 알아차리고 대화를 시도했나요?

☐ 아이의 이름을 부르고 행동에 대한 부모님의 입장을 이야기해주었나요?

☐ 문제가 된 행동을 대신할 수 있는 대안적 행동을 제시해주었나요?

☐ 대안적 행동을 다시 알려주고 아이가 다음 행동을 선택할 수 있도록 기다려주었나요?

년 월 일 요일

20

씨실, 날실, 털실 짜기

★ 협동놀이

순서대로 선을 긋고 교차하며 반복적인 패턴을 만드는 활동은 아이가 예측 가능한 구조와 규칙을 만들어줍니다. 이 활동을 통해 아이는 스스로 규칙을 만들고 지켜가는 자율성을 경험할 수 있습니다.

Getting Ready! 준비물을 챙겨요

색연필, 사인펜 등 색칠도구, 다양한 모양의 스티커

play start! 놀이 방법을 알아봐요

1. 책을 가운데 두고 마주 앉습니다.
2. 아이 쪽 1번 털실에서 부모님 쪽의 1번 털실에 선을 이어줍니다.
3. 부모님 쪽 2번 털실에서 아이 쪽의 2번 털실에 선을 이어줍니다.
4. 순서대로 모든 털실 번호에 맞추어 선을 이어봅니다.
5. 모든 번호의 선이 이어지면 사각형의 공간이 만들어집니다.
6. 만들어진 사각형의 공간에 스티커나 그림을 이용하여 패턴을 만들어봅니다.
7. 단순한 패턴에서 시작해서 복잡한 패턴까지 반복합니다.
8. 아이가 자연스럽게 패턴을 만들어갈 수 있도록 격려해주세요.

 이렇게 놀면 더 신나요

- 아이가 먼저 시작하는 것을 어려워하면 부모님이 먼저 시작하며 모델링을 해주세요. 그리고 아이가 준비되었을 때 순서를 바꾸어 리더십을 발휘할 기회를 주세요.
- 색깔 블록처럼 사각형 안에 색을 칠해가며 패턴을 만들어보세요.
- 오목, 빙고게임 등으로 놀이를 확장할 수 있어요.

★ 전문가의 한마디

진정한 '리더십'은 다른 사람을 이끄는 자기주도성과 상대의 필요를 읽어내는 공감능력이 적절히 균형을 이룰 때 빛을 발합니다. 자기 마음대로만 하려고 하거나 자기주장 없이 끌려 다니는 사람은 좋은 리더가 될 수 없습니다. 자기주도성을 갖되 다른 사람의 입장에 맞춰 타협할 줄 아는 아이가 리더십 있는 아이로 성장할 수 있습니다.

★ 놀이효과

- 정서 스스로의 결정, 의지로 상황이나 상대를 이끌어가는 ***#자기주도성***을 키울 수 있습니다.
- 사회성 기다리기, 타협하기, 주도하기, 양보하기 등의 역할을 다양하게 경험하면서 다른 사람과 **#협력**하는 법을 배웁니다.

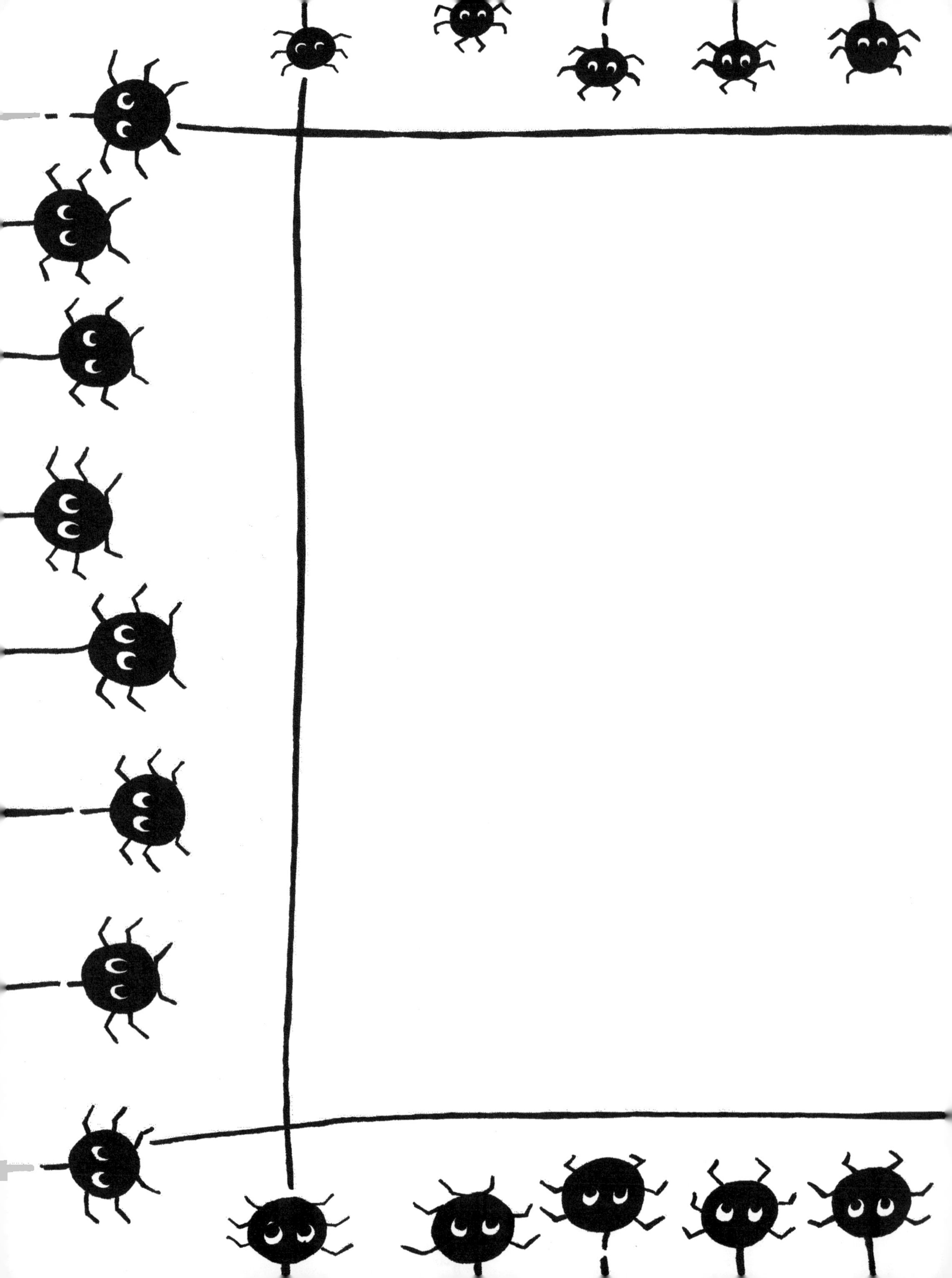

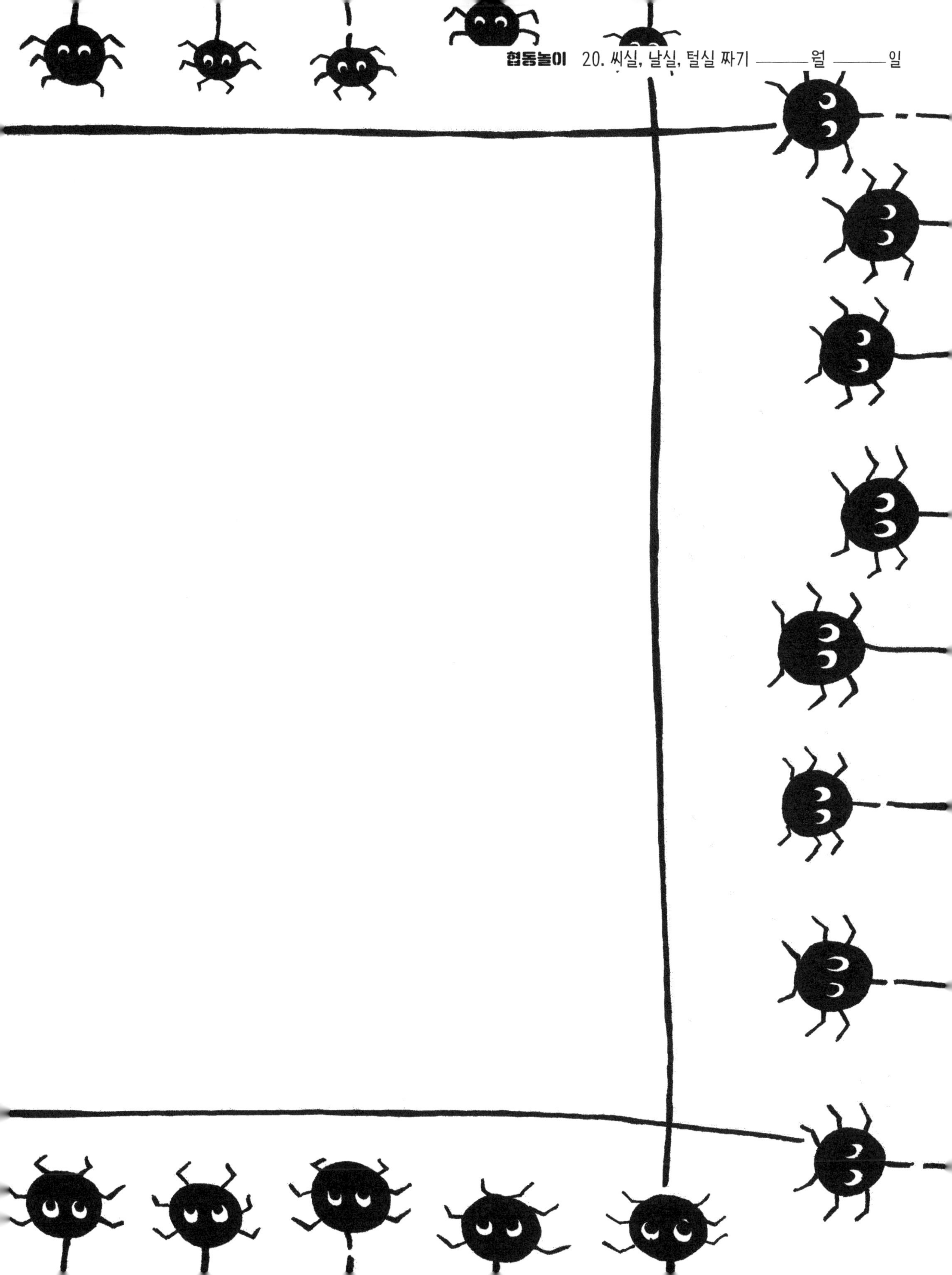

★ 놀이 후 간단 체크리스트!

완벽한 부모는 성장을 멈추지 않는 부모입니다. 부모님의 노력과 시도에 초점을 맞추세요.

☑ • 구조화하기

☐ 정해진 시간에 놀이를 시작했나요?

☐ 정해진 공간에서 놀이했나요?

☐ 준비물은 미리 챙겼나요?

☐ 약속 판을 함께 읽어보았나요?

☑ • 공감하기

☐ "00구나~" 어법을 사용하며 아이가 표현한 감정이나 행동을 이해해주었나요?

☐ 목소리 톤, 몸짓, 표정 등 아이의 비언어적인 표현을 따라 해보았나요?

☐ 아이의 감정, 욕구를 알아차렸나요?

☐ 아이의 놀이에 흥미와 관심을 적극적으로 표현했나요?

☑ • 따라가기

☐ 아이 스스로 놀이하도록 했나요?

☐ 아이에게 놀이하는 법을 가르치거나 질문을 하지 않고 지켜봐주었나요?

☐ 아이가 요구하는 부모님의 역할에 적극 참여하였나요?

☐ 아이에게 완전하게 놀이의 주도권을 넘겨주었나요?

☑ • 공감적 제한하기

☐ 아이의 감정을 먼저 알아차리고 대화를 시도했나요?

☐ 아이의 이름을 부르고 행동에 대한 부모님의 입장을 이야기해주었나요?

☐ 문제가 된 행동을 대신할 수 있는 대안적 행동을 제시해주었나요?

☐ 대안적 행동을 다시 알려주고 아이가 다음 행동을 선택할 수 있도록 기다려주었나요?

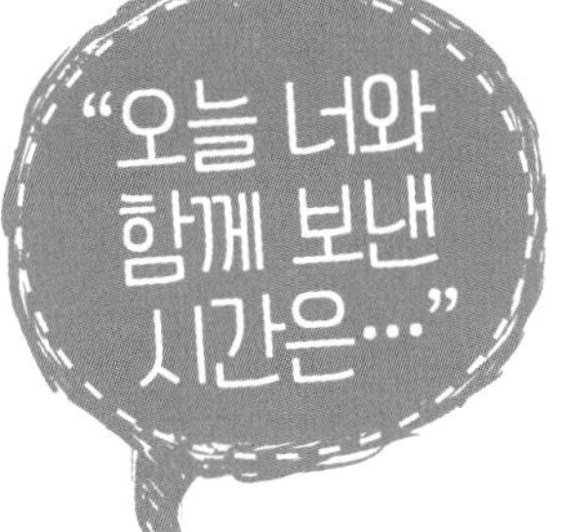

년 월 일 요일

21
레인보우 보드게임

★ 협동놀이

부모님과 함께 보드 판을 직접 만들어 보고 보드게임을 하면서 자연스럽게 순서와 규칙 지키기, 결과에 순응하기와 같은 사회적 기술을 연습할 수 있어요. 또한 부모님은 게임하는 아이의 태도를 관찰하며 성향을 파악하고 이해할 수 있습니다.

Getting Ready! 준비물을 챙겨요

크레파스, 색연필 등 색칠도구, 가위

play start! 놀이 방법을 알아봐요

1. 아이가 좋아하는 4가지 색을 고르도록 합니다.
2. 12개의 카드를 3장씩, 골라 놓은 4가지 색으로 칠합니다.
3. 보드 판의 칸들도 색칠해줍니다.
4. 그려진 말을 골라 오려서 각자 1개씩 가집니다.
5. 색이 칠해진 카드를 오려서 섞은 후 뒤집어서 보드 판 옆에 둡니다.
6. 아이와 '가위바위보'로 순서를 정해 돌아가며 섞어진 카드를 1장씩 뽑습니다.
7. 뽑은 카드에서 나온 색깔과 같은 색의 보드 판 칸으로 이동합니다.
8. 자신의 말이 먼저 홈에 도착하면 보드게임에서 이길 수 있습니다.

 이렇게 놀면 더 신나요

- 놀이를 하면서 아이의 대처능력을 확인해보세요. 놀이에서 졌을 때, 규칙을 지킬 때, 순서를 기다릴 때 등 놀이 태도를 주의 깊게 살펴보면서 일상에서의 특징과 연결하여 이해해보세요.
- 아이의 성향에 따라 일부러 져주거나 규칙을 바꾸어줄 수도 있어요. 원칙보다는 게임을 함께 즐기는 것, 공감이 중요합니다.
- 아이가 졌을 때 어떤 반응을 보이는지 관찰해보세요. 좌절할 때의 모습으로 아이의 성향을 이해할 수 있어요.

★ 전문가의 한마디

요즘 게임에 빠져 있는 아이들 때문에 게임이라고 하면 부정적인 이미지가 먼저 떠오를 겁니다. 그러나 사실 게임은 놀이의 한 종류입니다. 건강한 경쟁과 목표를 가진 놀이의 형태가 바로 게임입니다. 혼자서는 게임을 할 수 없습니다. 아이들이 컴퓨터나 모바일 게임을 할 때 마치 혼자 놀이하는 것처럼 보이지만 그 안에는 가상의 상대나 온라인 친구들이 존재합니다. 게임은 사회적 놀이이며 아이들은 게임을 통해 규칙, 이기고 지는 경험, '좌절과 성취'를 배웁니다.

★ 놀이효과

- 정서　운으로 승패가 갈리는 경험은 즐겁게 지는 법, 실패를 인정하는 법, 그리고 다시 도전하는 법을 가르쳐주고 아이에게 ***#좌절_인내력***을 키워줍니다.
- 인지　보드 판의 색과 수를 인지하며 놀이해야 하기 때문에 ***#색_개념***과 ***#수_개념***을 심어줍니다.
- 사회성　인내, 규칙 준수, 경쟁심 같은 ***#사회적_기술***을 학습할 수 있습니다.

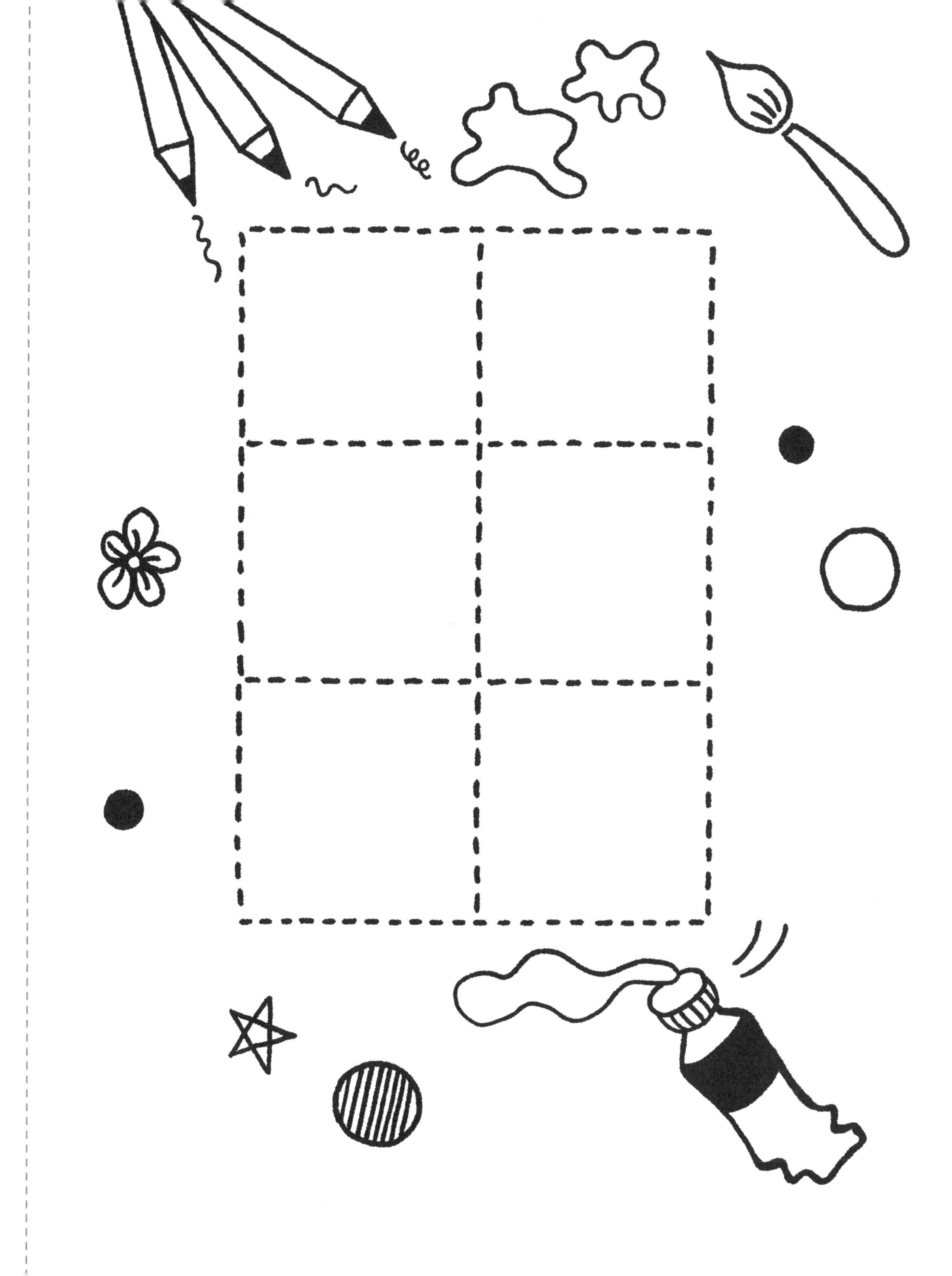

★ 놀이 후 간단 체크리스트!

완벽한 부모는 성장을 멈추지 않는 부모입니다. 부모님의 노력과 시도에 초점을 맞추세요.

☑ • 구조화하기

☐ 정해진 시간에 놀이를 시작했나요?

☐ 정해진 공간에서 놀이했나요?

☐ 준비물은 미리 챙겼나요?

☐ 약속 판을 함께 읽어보았나요?

☑ • 공감하기

☐ "00구나~" 어법을 사용하며 아이가 표현한 감정이나 행동을 이해해주었나요?

☐ 목소리 톤, 몸짓, 표정 등 아이의 비언어적인 표현을 따라 해보았나요?

☐ 아이의 감정, 욕구를 알아차렸나요?

☐ 아이의 놀이에 흥미와 관심을 적극적으로 표현했나요?

☑ • 따라가기

☐ 아이 스스로 놀이하도록 했나요?

☐ 아이에게 놀이하는 법을 가르치거나 질문을 하지 않고 지켜봐주었나요?

☐ 아이가 요구하는 부모님의 역할에 적극 참여하였나요?

☐ 아이에게 완전하게 놀이의 주도권을 넘겨주었나요?

☑ • 공감적 제한하기

☐ 아이의 감정을 먼저 알아차리고 대화를 시도했나요?

☐ 아이의 이름을 부르고 행동에 대한 부모님의 입장을 이야기해주었나요?

☐ 문제가 된 행동을 대신할 수 있는 대안적 행동을 제시해주었나요?

☐ 대안적 행동을 다시 알려주고 아이가 다음 행동을 선택할 수 있도록 기다려주었나요?

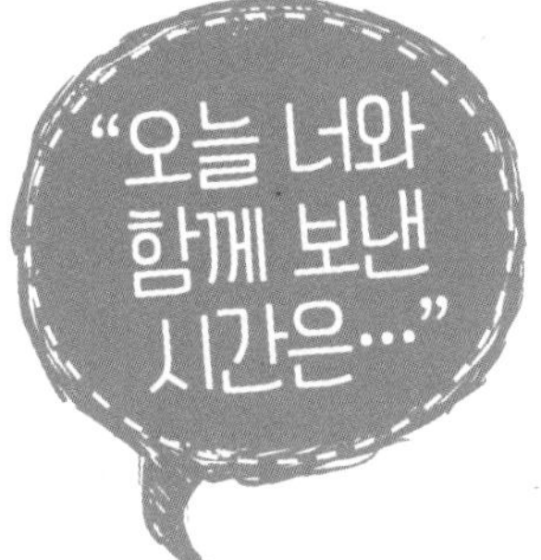

년 월 일 요일

22

우리 가족 정원 꾸미기

★ 협동놀이

가족정원 꾸미기를 통해 가족의 응집력을 튼튼하게 다집니다. 가족정원을 주제로 하는 대화에서는 아이가 생각하고 느끼는 가족 간의 친밀감, 정서적 분위기를 이해할 수 있습니다. 아이의 생각이나 감정을 평가하거나 확인하려고 하지 말고 아이의 가족에 대한 욕구와 바람을 무조건적으로 경청하고 이해해주세요.

Getting Ready! 준비물을 챙겨요

크레파스, 색연필 등 색칠도구, 가위

play start! 놀이 방법을 알아봐요

1. 나무, 꽃, 집 등의 이미지를 색칠하고 꾸며봅니다.
2. 꾸민 그림을 함께 오려보아요.
3. 오린 여러 가지 모양을 이용해서 가족정원을 잘 꾸밀 수 있도록 격려해주세요.
4. 추가하고 싶은 이미지가 있으면 아이와 함께 그려 넣어 보세요.
5. 완성된 가족정원을 활용해 가족의 이야기를 만들고 함께 대화해보세요.

 이렇게 놀면 더 신나요

- 가족정원에 가족들을 투사하여 이야기를 만들어보세요. 아빠나무, 엄마나무, 사자아빠, 엄마꽃 등으로 표현할 수 있습니다.
- 가족에 대한 생각을 아이가 이야기로 표현할 수 있도록 격려해주세요.
- 정원에 그림을 붙이고 필요한 것들을 더 그리거나 꾸며주면 풍성한 정원을 만들 수 있어요.
- 아이가 만들어낸 가족의 이야기를 간략하게 기록해보세요.

★ 전문가의 한마디

미술치료에서는 아이가 느끼는 가족구성원 간의 친밀감, 경계, 정서 등을 이해하기 위해 '가족화'를 사용합니다. 이를 통해 아이는 가족에 대한 내밀한 감정과 생각을 안전하게 표현합니다. 아이가 꾸민 가족정원에서 아이는 무엇을 하고 있는지, 누구와 가장 가까이 있는지, 가장 멀리 있는지, 가족들 사이의 상호작용을 표현하는 상징이 있는지, 전체적인 분위기가 어떤지 등을 살펴보세요. 아이가 가족에 대해 어떻게 생각하고 느끼는지를 이해하는 데 도움이 됩니다.

★ 놀이효과

• 인지　가족정원을 자유롭게 꾸며보면서 가족에 대한 자신의 감정을 ***#비언어적으로_표현***할 수 있습니다.
가족에 대한 이야기를 만들어보며 ***#언어표현력***을 키울 수 있습니다.

• 사회성　가족 구성원에 대한 생각과 역할을 탐색하면서 ***#건강한_가족관계***를 형성합니다.

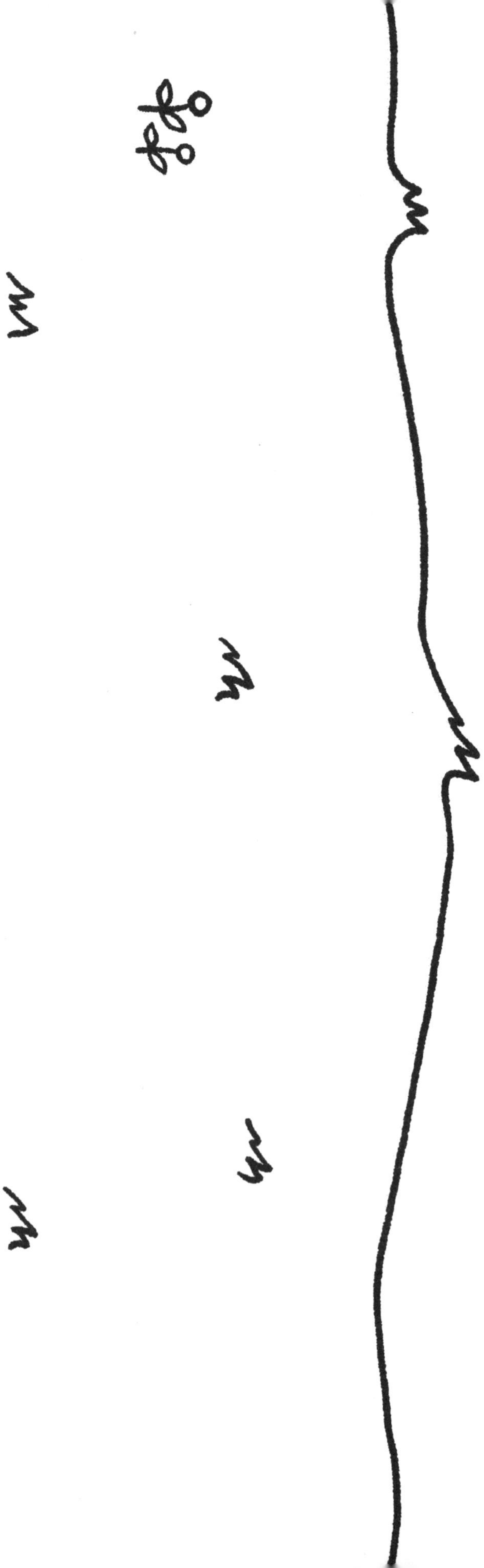

★ 놀이 후 간단 체크리스트!

완벽한 부모는 성장을 멈추지 않는 부모입니다. 부모님의 노력과 시도에 초점을 맞추세요.

☑ • 구조화하기

☐ 정해진 시간에 놀이를 시작했나요?

☐ 정해진 공간에서 놀이했나요?

☐ 준비물은 미리 챙겼나요?

☐ 약속 판을 함께 읽어보았나요?

☑ • 공감하기

☐ "00구나~" 어법을 사용하며 아이가 표현한 감정이나 행동을 이해해주었나요?

☐ 목소리 톤, 몸짓, 표정 등 아이의 비언어적인 표현을 따라 해보았나요?

☐ 아이의 감정, 욕구를 알아차렸나요?

☐ 아이의 놀이에 흥미와 관심을 적극적으로 표현했나요?

☑ • 따라가기

☐ 아이 스스로 놀이하도록 했나요?

☐ 아이에게 놀이하는 법을 가르치거나 질문을 하지 않고 지켜봐주었나요?

☐ 아이가 요구하는 부모님의 역할에 적극 참여하였나요?

☐ 아이에게 완전하게 놀이의 주도권을 넘겨주었나요?

☑ • 공감적 제한하기

☐ 아이의 감정을 먼저 알아차리고 대화를 시도했나요?

☐ 아이의 이름을 부르고 행동에 대한 부모님의 입장을 이야기해주었나요?

☐ 문제가 된 행동을 대신할 수 있는 대안적 행동을 제시해주었나요?

☐ 대안적 행동을 다시 알려주고 아이가 다음 행동을 선택할 수 있도록 기다려주었나요?

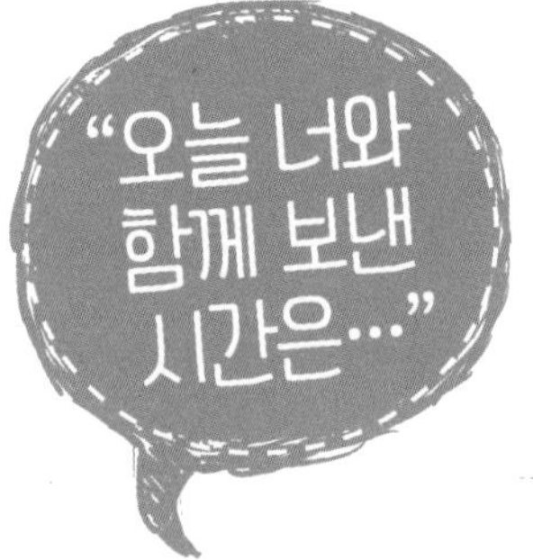

년 월 일 요일

23
우리 동네를 소개합니다

★ 협동놀이

나의 집을 중심으로 만들어진 동네지도는 아이 자신이 살고 있는 환경의 맥락을 이해하고 아이가 가족으로부터 분리돼서 사회로 나가는 심리적 과정을 준비하게 해줍니다. 아이가 좋아하는 놀이터, 식당이나 슈퍼마켓, 어린이집이나 유치원, 병원, 경찰서, 소방서, 극장, 서점, 백화점 등 평소에 그냥 지나쳤던 주변 환경을 꼼꼼히 탐색하도록 도와주세요. 자신이 살고 있는 환경을 인식하면서 아이는 더 넓은 세상으로 나아갈 준비를 할 수 있습니다.

Getting Ready! 준비물을 챙겨요

크레파스, 색연필 등 색칠도구, 가위

play start! 놀이 방법을 알아봐요

1. **집을 중심으로 동네의 길을 상상하도록 격려해주세요.**
2. **상상한 길을 우리 집 중심으로 그려봅니다.**
3. **그려진 지도 위로 다양한 이미지를 오려붙이고 꾸며 우리 동네를 완성합니다.**
4. **추가하고 싶은 이미지가 있으면 아이와 함께 그려 넣어 보세요.**
5. **완성된 지도를 가지고 아이와 자유롭게 이야기해봅니다.**

 이렇게 놀면 더 신나요

- 사회적인 규칙과 역할은 훈육과 가르침을 통해 강화됩니다. 가족이 아닌 타인들과 잘 어울릴 수 있는 규칙이나 사회적 기술을 가르쳐주세요.
- 슈퍼마켓에서 물건 사기, 극장에서 줄서기, 식당에서 떠들지 않기 등의 주제를 이용한 역할놀이를 해보세요.
- 병원, 유치원, 놀이터 등 아이에게 중요한 장소를 이용하여 아이가 자신의 불안이나 친구관계의 갈등을 표현하도록 유도해보세요.

★ 전문가의 한마디

아이는 독립적으로 존재할 수 없는 발달적 특징을 가지고 있어요. "1명의 아이를 키우기 위해서는 온 마을이 필요하다."라는 아프리카 속담처럼 아이의 성장을 위해서는 가족, 친구, 유치원, 이웃 등의 모든 환경을 이해해야 합니다. 또한 아이는 성장해가면서 가족이라는 작은 사회를 떠나 점점 더 큰 사회를 경험하게 됩니다. 확대되는 관계망에 건강하게 적응해가는 능력이 바로 사회성입니다. '지역사회'는 아이가 가족의 품에서 벗어나 살고 있는 동네를 의미합니다. 지역사회에 대한 긍정적 경험은 안전하게 아이의 관계망을 확대시켜주고 소속감을 키워줍니다.

★ 놀이효과

- 정서 　가족 소속감에서 확장된 ***#사회적_소속감***을 형성합니다.
- 인지 　집이 아닌 외부 환경에서 필요한 ***#사회적_역할을_인식***하고 연습할 수 있는 간접경험을 제공합니다.
- 사회성 　개인적 자아에서 사회적 자아로서의 나를 탐색하며 ***#집단의식***을 키울 수 있습니다.

우리동네 지도
우리집

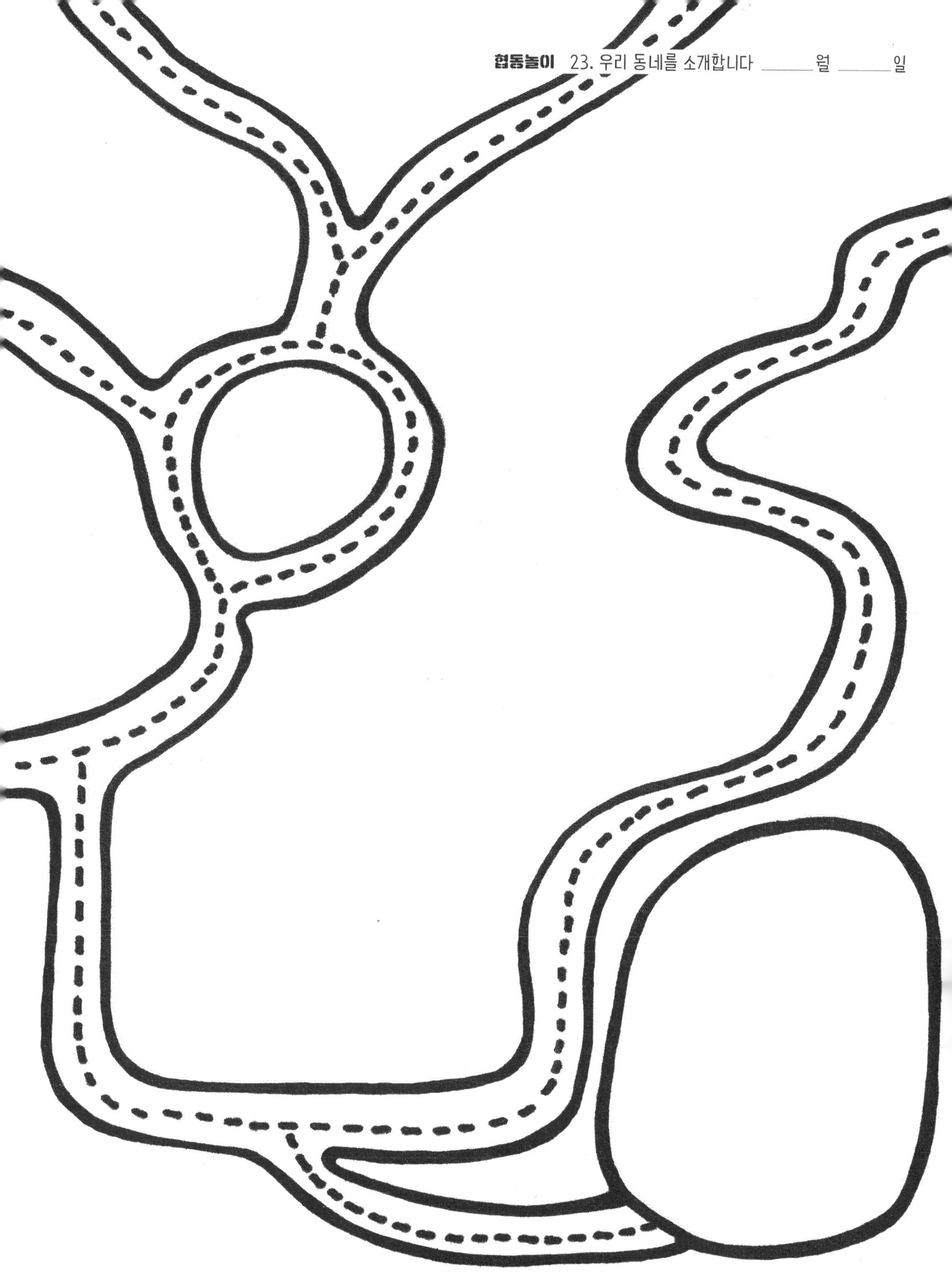

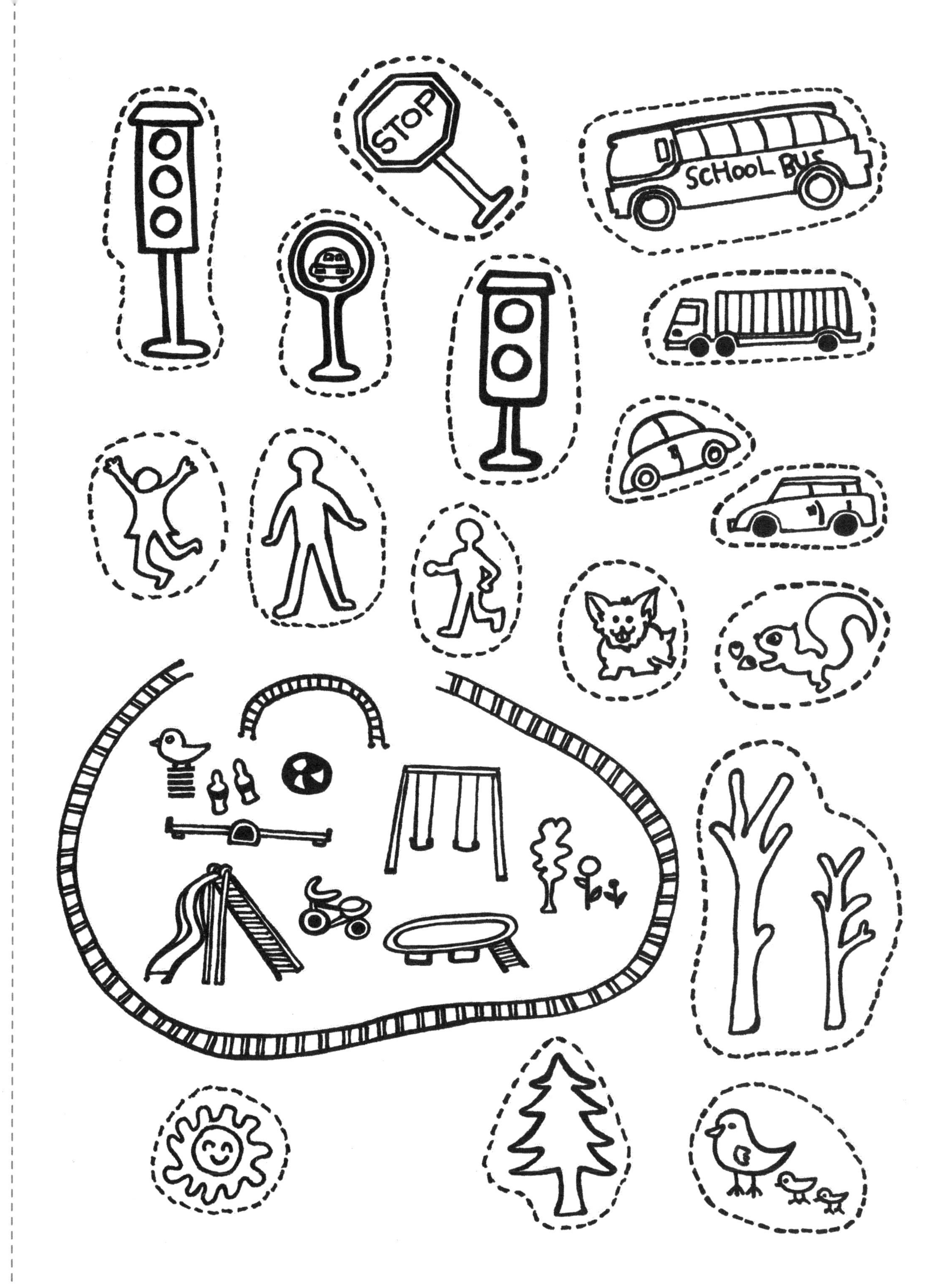
STOP
SCHOOL BUS

MALL
경찰서
POLICE
Cafe

★ 놀이 후 간단 체크리스트!

완벽한 부모는 성장을 멈추지 않는 부모입니다. 부모님의 노력과 시도에 초점을 맞추세요.

✓ • 구조화하기

☐ 정해진 시간에 놀이를 시작했나요?

☐ 정해진 공간에서 놀이했나요?

☐ 준비물은 미리 챙겼나요?

☐ 약속 판을 함께 읽어보았나요?

✓ • 공감하기

☐ "00구나~" 어법을 사용하며 아이가 표현한 감정이나 행동을 이해해주었나요?

☐ 목소리 톤, 몸짓, 표정 등 아이의 비언어적인 표현을 따라 해보았나요?

☐ 아이의 감정, 욕구를 알아차렸나요?

☐ 아이의 놀이에 흥미와 관심을 적극적으로 표현했나요?

✓ • 따라가기

☐ 아이 스스로 놀이하도록 했나요?

☐ 아이에게 놀이하는 법을 가르치거나 질문을 하지 않고 지켜봐주었나요?

☐ 아이가 요구하는 부모님의 역할에 적극 참여하였나요?

☐ 아이에게 완전하게 놀이의 주도권을 넘겨주었나요?

✓ • 공감적 제한하기

☐ 아이의 감정을 먼저 알아차리고 대화를 시도했나요?

☐ 아이의 이름을 부르고 행동에 대한 부모님의 입장을 이야기해주었나요?

☐ 문제가 된 행동을 대신할 수 있는 대안적 행동을 제시해주었나요?

☐ 대안적 행동을 다시 알려주고 아이가 다음 행동을 선택할 수 있도록 기다려주었나요?

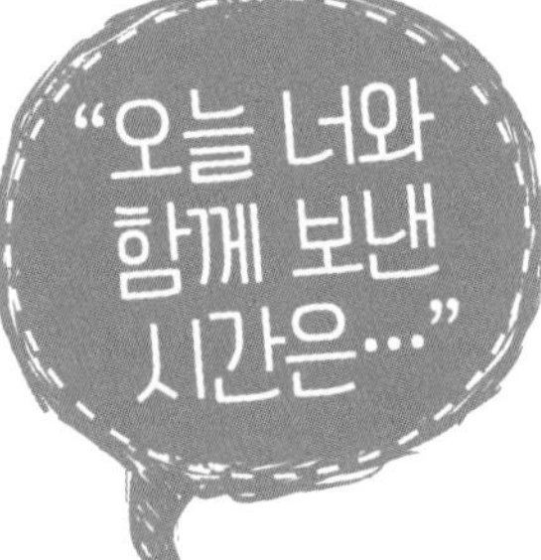

년 월 일 요일

24

케이크로 축하해줘요!

★ 마무리놀이

그동안 놀이를 함께한 서로의 마음을 칭찬하고, 놀이를 잘 마무리한 것에 대한 축하 파티를 준비해보세요. 아이에게는 놀이의 시작만큼 놀이의 마지막도 중요합니다. 파티를 통한 축하놀이는 아이에게 소중한 추억을 만들어주고 건강한 이별을 경험하게 해줍니다.

Getting Ready! 준비물을 챙겨요

크레파스, 색연필 등 색칠도구, 가위

play start! 놀이 방법을 알아봐요

1. **파티용품을 색칠하고 꾸며주세요.**
2. **색칠한 파티용품을 잘라서 케이크 그림을 장식해보아요.**
3. **부모님과 아이가 그동안 놀이하면서 느꼈던 가장 좋았던 감정을 케이크에 적어봅니다.**
4. **함께 그동안의 시간을 축하해보세요.**

 이렇게 놀면 더 신나요

- 재미있었던 놀이, 기억에 남는 순간, 다시 해보고 싶은 놀이를 뽑고 이야기해보세요.
- 그동안 약속했던 규칙을 잘 지킨 아이의 노력을 구체적으로 칭찬해주세요. "더 놀고 싶었는데도 놀이시간을 지키려고 해준 점이 정말 고마워!"
- 놀이가 이제 하나 남았다는 것을 알려주고 마지막을 준비할 수 있도록 도와주세요.
- 아이가 아쉬움이나 섭섭함을 표현할 때 공감적 소통을 이용해 마지막에 대한 감정을 이야기해보세요.

★ 전문가의 한마디

일상에서 축하할 일이나 기념할 일이 있을 때 종종 가족 간의 시간을 갖습니다. 무엇인가를 축하하거나 기념하는 가족끼리의 의식은 사회적 놀이의 한 종류입니다. 아이들이 자발적으로 가족 이벤트를 기획하는 것은 쉽지 않겠지만 가족과의 '축하의식'을 통해 아이들은 추억을 만듭니다. 축하놀이 경험은 성인이 된 후 일상에서 즐거움을 만드는 특별한 능력을 키워주기도 합니다.

★ 놀이효과

- 정서 아이 스스로 놀이과정과 결과를 확인하고 축하하며 ***#성취감***을 경험할 수 있습니다.
- 인지 케이크를 꾸미는 과정은 아이의 ***#미적_감각***을 키워줍니다.
- 사회성 케이크를 꾸미고 파티를 준비하는 과정, 축하받는 상황에서 아이는 다른 사람들과 기쁨을 나누는 ***#감정공유***를 경험하게 됩니다.

 24. 케이크로 축하해줘요! ______월 ______일

★ 놀이 후 간단 체크리스트!

완벽한 부모는 성장을 멈추지 않는 부모입니다. 부모님의 노력과 시도에 초점을 맞추세요.

☑ • 구조화하기

☐ 정해진 시간에 놀이를 시작했나요?

☐ 정해진 공간에서 놀이했나요?

☐ 준비물은 미리 챙겼나요?

☐ 약속 판을 함께 읽어보았나요?

☑ • 공감하기

☐ "00구나~" 어법을 사용하며 아이가 표현한 감정이나 행동을 이해해주었나요?

☐ 목소리 톤, 몸짓, 표정 등 아이의 비언어적인 표현을 따라 해보았나요?

☐ 아이의 감정, 욕구를 알아차렸나요?

☐ 아이의 놀이에 흥미와 관심을 적극적으로 표현했나요?

☑ • 따라가기

☐ 아이 스스로 놀이하도록 했나요?

☐ 아이에게 놀이하는 법을 가르치거나 질문을 하지 않고 지켜봐주었나요?

☐ 아이가 요구하는 부모님의 역할에 적극 참여하였나요?

☐ 아이에게 완전하게 놀이의 주도권을 넘겨주었나요?

☑ • 공감적 제한하기

☐ 아이의 감정을 먼저 알아차리고 대화를 시도했나요?

☐ 아이의 이름을 부르고 행동에 대한 부모님의 입장을 이야기해주었나요?

☐ 문제가 된 행동을 대신할 수 있는 대안적 행동을 제시해주었나요?

☐ 대안적 행동을 다시 알려주고 아이가 다음 행동을 선택할 수 있도록 기다려주었나요?

년 월 일 요일

25

나의 출판 전시회

★ 마무리 놀이

아이와 함께 완성한 책을 가족이나 지인들에게 자랑하는 시간을 마련해보세요. 이 시간은 아이의 성취감과 자존감을 높이는 데 도움이 됩니다. 드디어 아이와의 소중한 추억을 담은 오직 하나뿐인 책이 완성되었어요.

Getting Ready! 준비물을 챙겨요

다양한 색의 사인펜, 다과

play start! 놀이 방법을 알아봐요

1. 가족이나 지인을 초대하고 함께 만든 책을 소개해주세요.
2. 책 그림 안에 가족이나 지인의 메시지, 한 줄 평 등을 담아보세요.

 이렇게 놀면 더 신나요

- 아이와 함께 초대장을 만들어 가족이나 지인에게 전달해보세요.
- 놀이를 마무리한 부모님과 아이의 소감을 적어보세요.
- 포기하지 않고 활동을 마친 서로에게 3가지 이상의 칭찬을 해주세요.

★ 전문가의 한마디

아이들은 성장하면서 만나고 헤어지는 경험을 반복하게 될 것입니다. 부모로부터, 가족으로부터 심리적, 사회적으로 분리되는 것이 '**첫 번째 이별**'일 것입니다. 모든 이별이 그렇듯이 아이도 부모님과의 분리과정에서 두려움, 불안, 슬픔, 상실감을 경험하게 됩니다. 지금까지의 놀이들은 아이에게 부모님의 품을 떠나 안정적으로 독립할 수 있는 힘을 키워주는 과정이었습니다.

★ 놀이효과

- 정서 익숙한 것을 떠나 새로움을 맞이하기 위한 ***#애도***를 경험할 수 있습니다.
- 인지 활동의 모든 과정을 결과물로 정리하고, 그 동안의 경험을 의식화하는 ***#종결의식***을 학습합니다.
- 사회성 자신의 경험을 나누고 표현하는 시간을 통해 아이들은 ***#정서적_상호작용***을 경험합니다.

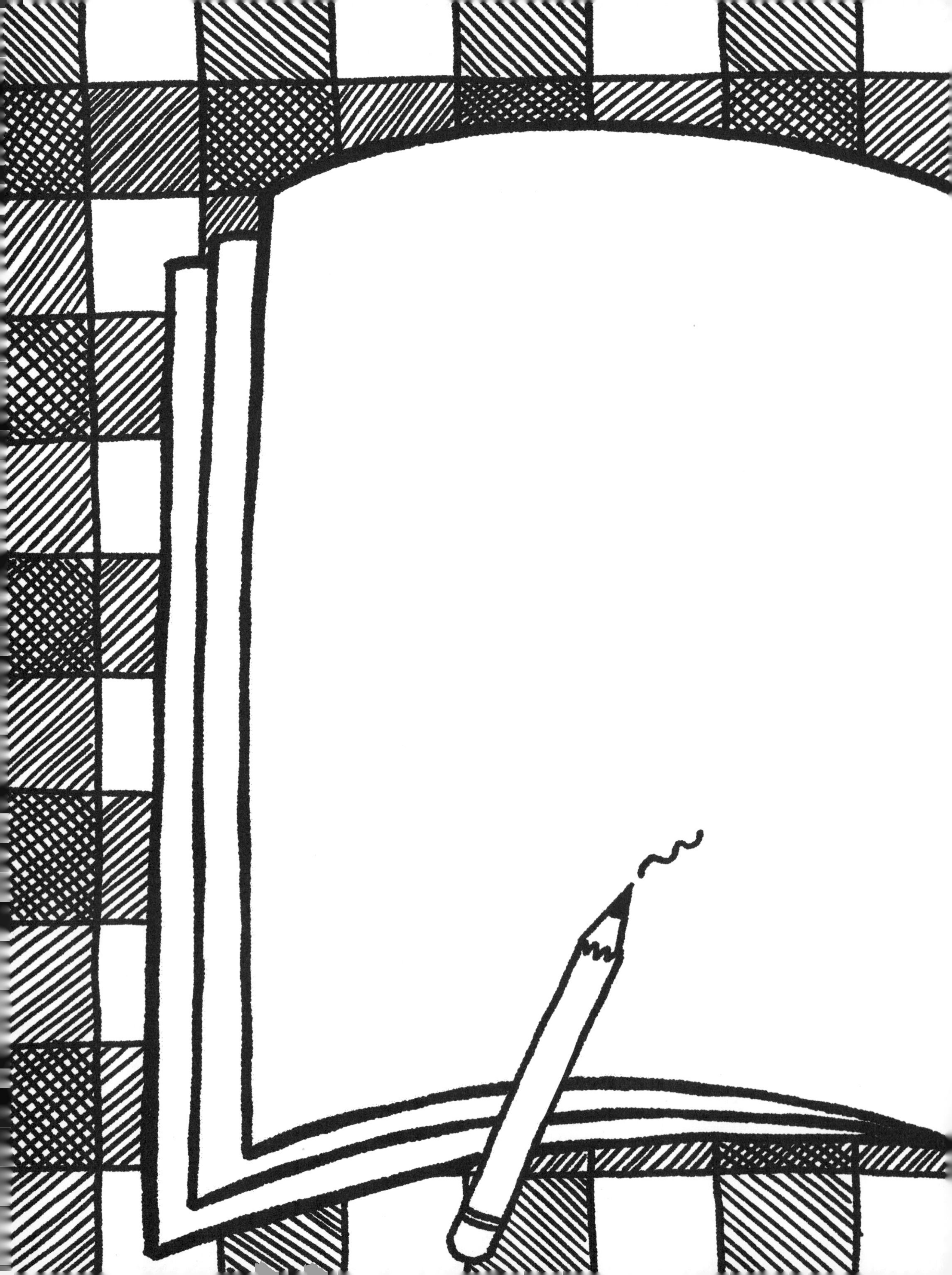

마무리놀이 25. 나의 출판 전시회 ______월 ______일

★ 놀이 후 간단 체크리스트!

완벽한 부모는 성장을 멈추지 않는 부모입니다. 부모님의 노력과 시도에 초점을 맞추세요.

☑ • 구조화하기

☐ 정해진 시간에 놀이를 시작했나요?

☐ 정해진 공간에서 놀이했나요?

☐ 준비물은 미리 챙겼나요?

☐ 약속 판을 함께 읽어보았나요?

☑ • 공감하기

☐ "00구나~" 어법을 사용하며 아이가 표현한 감정이나 행동을 이해해주었나요?

☐ 목소리 톤, 몸짓, 표정 등 아이의 비언어적인 표현을 따라 해보았나요?

☐ 아이의 감정, 욕구를 알아차렸나요?

☐ 아이의 놀이에 흥미와 관심을 적극적으로 표현했나요?

☑ • 따라가기

☐ 아이 스스로 놀이하도록 했나요?

☐ 아이에게 놀이하는 법을 가르치거나 질문을 하지 않고 지켜봐주었나요?

☐ 아이가 요구하는 부모님의 역할에 적극 참여하였나요?

☐ 아이에게 완전하게 놀이의 주도권을 넘겨주었나요?

☑ • 공감적 제한하기

☐ 아이의 감정을 먼저 알아차리고 대화를 시도했나요?

☐ 아이의 이름을 부르고 행동에 대한 부모님의 입장을 이야기해주었나요?

☐ 문제가 된 행동을 대신할 수 있는 대안적 행동을 제시해주었나요?

☐ 대안적 행동을 다시 알려주고 아이가 다음 행동을 선택할 수 있도록 기다려주었나요?

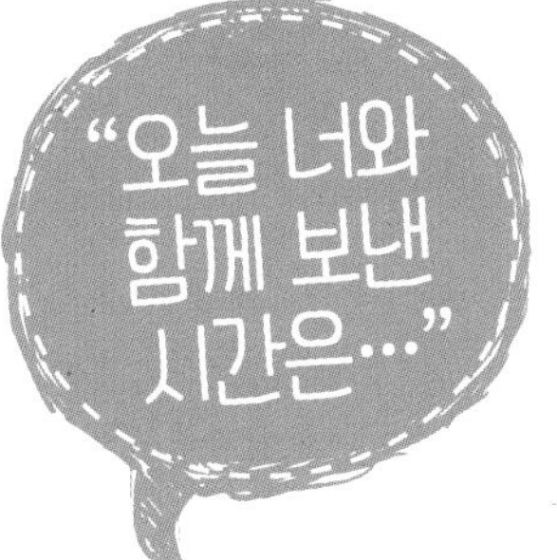

년 월 일 요일

마음성장 놀이북

2020년 2월 25일 초판 1쇄
지은이·최희아
펴낸이·김상현, 최세현 | 경영고문·박시형

책임편집·백지윤 | 디자인·임동렬
마케팅·권금숙, 양근모, 양봉호, 임지윤, 최의범, 조히라, 유미정
경영지원·김현우, 문경국 | 해외기획·우정민, 배혜림 | 디지털콘텐츠·김명래
펴낸곳·(주)쌤앤파커스 | 출판신고·2006년 9월 25일 제406-2006-000210호
주소·서울시 마포구 월드컵북로 396 누리꿈스퀘어 비즈니스타워 18층
전화·02-6712-9800 | 팩스·02-6712-9810 | 이메일·info@smpk.kr

ISBN 979-11-6534-066-7 (13590)

• 이 책의 국립중앙도서관 출판시도서목록은 서지정보유통지원시스템 홈페이지(http://seoji.nl.go.kr)와 국가자료공동목록시스템(http://www.nl.go.kr/kolisnet)에서 이용하실 수 있습니다.
(CIP제어번호: CIP2020004603)
• 잘못된 책은 구입하신 서점에서 바꿔드립니다. • 책값은 뒤표지에 있습니다.